AF452588

LES
PALMIPÈDES

PAR

L'ABBÉ **VINCELOT**,

Chanoine honoraire, aumônier de la Pension Saint-Julien,
Officier de l'instruction publique,
Membre titulaire de la Société Linnéenne de Maine-et-Loire,
et de la Société protectrice des animaux.

(Extrait des Annales de la Société Linnéenne.)

(Ce Mémoire a obtenu le prix du Conseil général, au dernier Concours de la
Société Linnéenne.)

ANGERS,

IMPRIMERIE DE LAINÉ FRÈRES, RUE SAINT-LAUD, 9.

1873.

LES PALMIPÈDES

LES PALMIPÈDES

PAR

L'ABBÉ **VINCELOT**,

Chanoine honoraire, aumônier de la Pension Saint-Julien,
Officier de l'instruction publique,
Membre titulaire de la Société Linnéenne de Maine-et-Loire
et de la Société protectrice des animaux.

(Extrait des Annales de la Société Linnéenne.)

(Ce Mémoire a obtenu le prix du Conseil général, au dernier Concours de la
Société Linnéenne.)

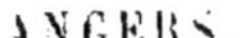

ANGERS,
IMPRIMERIE DE LAINÉ FRÈRES, RUE SAINT-LAUD, 9.
—
1873.

LES NOMS
DES OISEAUX

EXPLIQUÉS PAR LEURS MŒURS

OU ESSAIS ETYMOLOGIQUES SUR L'ORNITHOLOGIE

SEPTIÈME ORDRE. — PALMIPÈDES.

Dans la Faune de Maine-et-Loire, les Palmipèdes composent le septième et dernier Ordre de la section ornithologique. Cet Ordre comprend un très-grand nombre de familles, de genres et d'espèces. Tous les oiseaux groupés sous le nom de palmipèdes différent souvent entre eux par leur taille et par leurs habitudes ; le caractère qui les unit, et qui semble harmoniser cet ensemble d'espèces si disparates, est la forme de leurs pieds, forme qui a fait donner à cet Ordre le nom de *Palmipèdes*, mot composé de *palma*, « paume, palme, » et de *pes, pedis*, « pied. » *Palme* en zoologie se dit des doigts des animaux lorsque ces doigts sont réunis par une membrane, tout en restant distincts. Ils représentent alors une espèce de main ouverte. Cette disposition toute particulière des pieds des palmipèdes, fait de la réunion de leurs doigts par une membrane plus ou moins large, plus ou moins complète, une espèce de rame se développant, se rétrécissant à volonté et indiquant que tous les oiseaux rangés sous cette dénomination sont destinés par la Providence à vivre sur l'eau d'une manière plus ou moins continue. Aussi la plupart des ornithologistes ont-ils remplacé la dénomination de *palmipèdes* par celle de *nageurs, natatores*.

Destinés à passer leur vie sur l'eau ou près de l'eau, à plonger dans ses profondeurs ou à voler à sa surface, les palmipèdes ont reçu de Dieu tous les dons nécessaires à l'accomplissement de la mission qui leur était confiée. Le plumage de tous les oiseaux de cet Ordre est composé de plumes vernissées ou enduites d'une huile secrétée par les glandes folliculaires de la peau. Leurs plumes très-serrées constituent un tout imperméable au moyen d'un suc huileux que les oiseaux font, à leur gré, sortir de deux glandes *coccygiennes*, en les pressant avec leur bec, pour enduire ensuite de ce suc chaque plume séparément. Cet enduit, ce vernis permet à l'eau de glisser sans effort sur le plumage des palmipèdes, sans y pénétrer, et dès lors, sans arrêter ces oiseaux dans leur natation. Enfin leur peau est très-épaisse, et son tissu cellulaire est garni d'une graisse abondante qui empêche encore l'action de l'eau sur le plumage recouvrant un duvet épais et serré, destiné à préserver les palmipèdes de l'atteinte des froids rigoureux.

Quelques auteurs désignent cet Ordre sous le nom de *Remipèdes*, formé de *remus*, « rame, » et de *pes*, *pedis*, « pied. » Cette dénomination est très-caractéristique et très-juste. Elle indique d'une manière expressive que les pieds de ces oiseaux sont constitués pour la natation, et que cette natation s'exécute au moyen de rames. Les pieds sont unis à des tarses généralement courts, robustes, comprimés, plus ou moins implantés à l'arrière du corps pour faciliter encore les mouvements natatoires et servir en même temps de rames et de gouvernail. Ces pieds sont palmés entre les doigts jusque près des ongles, ou seulement garnis d'une membrane lobée, mais assez large.

Les formes des palmipèdes sont en général moins gracieuses que celles des échassiers, surtout lorsque ces oiseaux sont à terre. Il est facile de constater, d'après leur démarche lourde et chancelante, que la terre n'est pas leur élément. Un certain nombre d'espèces, cependant, développent dans leur vol ou dans leur natation une légèreté et une grâce tout exceptionnelles.

Presque tous les palmipèdes vivent en famille. Quelques espèces habitent la haute mer, et ne viennent à terre que pour s'y reproduire. Ces oiseaux se réunissent en troupes innombrables pendant la saison rigoureuse de l'hiver, et entreprennent alors de très-longs voyages. Dans ces migrations, ils poussent des cris de rappel qui se font entendre de très-loin.

Les palmipèdes vivent de poissons, de frai, de vers, de mollusques, de crustacés, de graines et de substances végétales. Certaines espèces saisissent leur nourriture en rasant la surface de l'eau, d'autres en interrompant leur vol rapide pour plonger et se relever aussitôt; enfin, quelques-unes conservent assez longtemps une position perpendiculaire dans l'eau pour capturer leur proie, ou vont la chercher jusque dans les profondeurs du lit des fleuves.

Chez quelques espèces, le mâle diffère essentiellement de la femelle par sa taille et par les nuances du plumage.

Les œufs, les plumes et le duvet des oiseaux de cet Ordre fournissent des ressources abondantes au commerce et à l'industrie.

PREMIÈRE FAMILLE.

Lamellirostres.

Cette famille comprend un très-grand nombre d'espèces; elle doit son nom à la forme du bec des oiseaux groupés sous cette dénomination. *Lamellirostres* est composé de *lamella*, « lamelle, petite lame, » et de *rostrum*, « bec. » Les palmipèdes qui composent cette Famille ont le bec épais et garni de lamelles ou de petites lames disposées sur ses bords en forme de dents effilées et très-aiguës. Cette disposition du bec permet aux lamellirostres de saisir très-fortement leur nourriture et de la triturer avec facilité.

OIE CENDRÉE. — ANSER FERUS.

Avec la Famille des lamellirostres recommencent les difficultés étymologiques dont quelques-unes m'ont paru insurmontables; du moins mes efforts persévérants n'ont pu les résoudre. Pour arriver plus promptement à la fin du travail que je me suis imposé, je laisserai de côté les quelques étymologies que je n'ai pu harmoniser avec les mœurs des oiseaux que je vais décrire, abandonnant à de plus érudits la solution de ces problèmes.

Autrefois on désignait l'oie sous le nom d'*oue*. Ainsi dans la *farce de Patelin*, se trouve cette phrase :

» Il doit venir manger de l'oue. »

Les anciens auteurs écrivaient le nom de cet oiseau avec un y, l'*oye*.

Ménage prétend que cette dénomination dérive d'*auca*, expression formée d'*avis*, *avica*, *auca* et enfin *oye*. D'après Littré , *oie* a pour étymologie le mot de basse latinité *auca*, de *avica*, dérivé fictif de *avis ;* et cet auteur ajoute : « Le nom général *avica*, « oiseau, » a été réduit à un sens spécial, comme *jumentum*, « bête de somme, » a donné *jument*. » Cette citation viendra corroborer l'hypothèse que je vais soumettre à mes lecteurs. On peut trouver dans le languedocien une preuve en faveur de l'opinion de Ménage ; l'oie y est nommée l'*auque*. En italien , elle est

désignée par le mot *oca*. Si l'on admet pour racine de l'expression française le substantif *avis*, oie signifierait alors l'*oiseau par excellence*. Cette hypothèse pourrait se justifier soit par les proportions de l'oie qui surpassaient celles de la plupart des oiseaux connus des Romains , soit parce que les anciens préféraient la chair de l'oie à celle du plus grand nombre des rôtis qui figuraient sur la table des gastronomes. C'est ainsi que saint Jérôme a pu dire , en comparant l'oie au paon , qui , pendant une longue période de temps , a été regardé comme un mets délicat : « *Anserem comedunt, pavonem eructant*, — ils mangent l'oie et ils vomissent le paon. » Durant plusieurs siècles, l'oie fournit un rôti qui était le principal honneur de la table de nos ancêtres. Peut-être aussi les Romains avaient-ils voulu consacrer par le sens attaché au nom de l'oie le souvenir du service que cet oiseau avait rendu en sauvant le Capitole, service si important aux yeux des habitants de Rome, que la première fonction des censeurs, en prenant possession de leur charge, était de passer le bail pour la nourriture des oies élevées aux frais de l'Etat. (Pline, livre X, chap. XXII.) Enfin, la gastronomie, qui a joué un si grand rôle dans la vie des Romains, n'aurait-elle pas pu considérer comme un oiseau privilégié celui dont ce peuple avait su apprécier à un si haut degré toute la délicatesse, tant ils goûtaient la saveur du foie de ce palmipède, et même celle du rôti fourni par ses pattes ! Déjà dans ces temps reculés, on était parvenu à développer le foie de l'oie d'une manière si prodigieuse que les gastronomes de nos jours ont bien de la peine à égaler ceux de l'antiquité :

> « Adspice, quam tumeat magno jecur ansere majus !
>   Miratus, dices, hoc, rogo, crevit ubi ? »

« Vois combien ce foie d'oie est plus gros que l'oie même la plus grasse ! Tu diras, étonné : d'où vient celui-ci ? »

(Martial, liv. XIII, épig. 58).

J'ajoute au passage précédent un passage de Pline : « Nostri sapientiores qui eos jecoris bonitate novere. Fartilibus in magnam amplitudinem crescit : exemptum quoque lacte mulso augetur. Nec sine causa in quæstione est, quis primus tantum bonum invenerit. Scipione Metellus vir consularis, an M. Seius eadem ætate eques romanus. Sed (quod constat) Messalinus Cotta, Messalæ oratoris filius, palmas pedum ex his torrere, atque patinis cum Gallinaceorum cristis condire reperit. Tribuetur a me culinis cujusque palma cum fide. — Plus sages, les Romains ont connu la bonté de son foie. Cette partie devient prodigieusement grosse dans les oies qu'on engraisse ; on l'augmente encore en la faisant tremper dans du lait miellé. Ce n'est pas sans raison qu'on cherche l'auteur d'une si belle découverte, s'il faut en faire honneur à Scipion Metellus, personnage consulaire, ou à M. Séius, chevalier romain, qui vécut dans le même temps. Mais, du moins, un fait certain, c'est que le secret de rôtir les pattes d'oie et d'en composer un ragoût avec des crêtes de poulet, appartient à Messalinus Cotta, fils de l'orateur Messala. Car chacun des inventeurs recevra de moi fidèlement la palme qui lui est due. » (Pline, liv. X, ch. XXVII.)

« Les Anciens, » dit Belon, « n'ont rien jugé de meilleur en l'oye que le foye et l'ont trouvé de bonne digestion. Onc ne sut que la gresse de l'oye n'ait eu louange de vertu pour médecine. Il appert en plusieurs passages des anciens qu'elle estoit en commun usage et délices des Romains. » (Liv. III, page 177.)

Dans le récit du repas de Nasidienus, Horace fait figurer un foie d'*oie blanche*, farci de figues grasses :

« Pinguibus et ficis pastum jecur anseri albi. »

(Liv. II, satire VIII, vers 88.)

Ainsi, les gastronomes modernes n'ont pas même recueilli la gloire d'avoir découvert que le foie gras des oies blanches avait un mérite supérieur à celui des oies d'une couleur différente ! Les anciens les avaient devancés dans ce raffinement culinaire.

Les étymologistes admettent sans conteste que le mot *oiseau* dérive du bas-latin *aucellus* et même d'*avicellus*, diminutif d'*avis* ; je me crois donc fondé encore davantage à regarder comme très-probable l'hypothèse que j'ai proposée sur l'origine du nom du palmipède dont je vais essayer plus tard de décrire les habitudes.

L'épithète *cendrée* indique les nuances du plumage de cette oie, qui est aussi appelée *première*, parce qu'elle est la principale et même l'unique source de l'oie domestique.

Quant au mot générique *anser*, servant à désigner toutes les variétés de cette espèce, il paraît dériver du sanscrit *hansa*, dont la racine probable est *has*, « *ridere*, rire, » par allusion au cri peu mélodieux de l'oiseau et à la manière dont il ouvre son bec pour le pousser. (Adolphe Pictet, Iʳᵉ partie, p. 388.) En bas-breton, l'oie est désignée sous le nom de *gwaz*, d'où l'on aurait fait *jas*, représentant l'oie mâle, et signifiant «jaser, gazouiller. » L'éty_mologie indiquée par Pictet est très-caractéristique, car elle peint d'une manière bien évidente l'habitude des oies mâles d'ouvrir le bec d'une façon ridicule et de pousser alors des cris sifflés qui ressemblent à un rire prolongé et trop forcé pour être naturel. Dans ces circonstances, le cri du mâle se rapproche du sifflement des vipères. Chez les peuples de l'antiquité, l'oie était consacrée à Junon, la déesse de la jalousie ; le sifflement que le mâle fait entendre quand on approche de sa femelle semblerait justifier l'opinion des Romains et des Grecs. Ce dernier peuple appelait l'oie CHÊN, dont la racine est CHAÏNÒ, « bailler, crier, ouvrir la bouche, avoir l'air niais. » Cette dénomination vient fortifier l'hypothèse de Pictet, en prouvant que chez les différents peuples on avait voulu désigner l'oie d'après son habitude la plus caractérisée. L'épithète *ferus*, « sauvage, » indique que cette espèce ne vit pas en domesticité.

Je passe aux renseignements généraux qui conviennent à toutes les espèces de ce Genre. Les oies vivent presque exclusivement de végétaux qu'elles tondent comme le font les brebis ; elles sont beaucoup moins aquatiques que les canards, dont elles diffèrent par un bec plus court et plus large à sa base, par des tarses plus élevés et, dès lors, par une démarche plus gracieuse et plus assurée. Il est facile de constater, en étudiant les oies, que ces palmipèdes sont conformés pour vivre en grande partie à terre. Doués d'une ouïe délicate et d'une vue excellente, ces oiseaux se laissent difficilement approcher ; c'est à ces qualités que les oies ont dû l'honneur de sauver Rome en annonçant, pendant la nuit, l'approche des Gaulois qui avaient trompé la vigilance des chiens préposés à la garde du Capitole. Aussi chaque année, à l'anniversaire de ce grand événement, une somme était-elle votée pour l'entretien des oies sacrées, et, le même jour, les chiens étaient fouettés d'une manière ignominieuse sur la place publique, en punition de leur silence coupable.

> « Hæc servavit avis Tarpeii templa tonantis,
>   Miraris? Nondum fecerat illa Deus. »

« C'est grâce à cet oiseau que fut sauvé, sur le mont Tarpéien, le temple du maître de la foudre. Tu t'en étonnes? Il n'était point encore l'œuvre d'un Dieu. »   (Martial, liv. XIII, épigramme 74.)

Les oies entreprennent de longs voyages. Pour les exécuter, elles se placent sur une seule ligne, ou elles disposent leurs rangs de manière à former un triangle isocèle.

» Turbabis verus, nec litera tota volabit,
Unam perdideris si Palamedis avem.

« Tu dérangeras le triangle, et le Delta ne sera plus entier au sein des airs si tu en ôtes un seul des oiseaux de Palamède. »

(Martial, liv. XIII, épig. 75.)

Par cette disposition, l'oie qui est à la tête de la ligne ou au sommet du triangle, fend l'air avec plus d'effort que ses compagnes auxquelles elle prépare la route ; aussi la voit-on abandonner son poste après quelques instants, et se placer à l'arrière-garde afin de se reposer. Cette manœuvre intelligente se renouvelle sans cesse, de sorte que toutes les oies remplissent tour-à-tour les fonctions les plus pénibles et celles qui sont les plus faciles. Aussi le dicton populaire, « *bête comme une oie*, » est-il en contradiction évidente avec les habitudes de ces oiseaux, et ne peut-il se justifier que par la manière dont les oies ouvrent le bec et sifflent en poursuivant les personnes qui passent près d'elles ; dans cette circonstance, les oies sont bien éloignées effectivement de rechercher une pose gracieuse, et de présenter aux spectateurs une physionomie sympathique.

Les oisillons restent très-longtemps sous l'autorité de leurs parents, et c'est pour les défendre de toute attaque que ceux-ci, par un sentiment exagéré de la tendresse paternelle et maternelle, ouvrent le bec d'une manière ridicule, et font entendre un sifflement semblable à celui de la couleuvre quand elle est poursuivie. Les Egyptiens, ne considérant que les sentiments de vigilance paternelle qui animent les mâles et la longue soumission des petits à leurs parents, avaient placé les oies parmi les oiseaux sacrés, et les avaient représentées, dans leurs hiéroglyphes, comme un des emblèmes du dévouement paternel et de la piété filiale.

Pendant leurs longues migrations aériennes les oies font entendre un cri très-sonore et souvent répété, qui est en même temps un cri de rappel et un signal propre à exciter le courage de tous les membres de la bande et, en particulier, de ceux dont les forces sembleraient défaillir. Chaque année des troupes nombreuses de ces oiseaux se dirigent vers le Sud ; l'époque de leur passage est un indice certain de l'approche de la saison rigoureuse et, par là même, de la durée plus ou moins longue de l'hiver. Les pygargues suivent les oies dans leurs lointains voyages,

les attaquent avec une grande persévérance , et immolent chaque
jour de nombreuses victimes. Aussi, quand un froid rigoureux
se fait sentir en Anjou , et que les bandes d'oies viennent s'a-
battre dans nos vastes plaines marécageuses , peut-on constater
la présence d'un certain nombre d'aigles pygargues qui ne quittent
notre pays que lorsque les oies se sont elles-mêmes envolées vers
les régions du Nord.

Les jambes des oies , placées très-peu à l'arrière du corps ,
indiquent que ces oiseaux sont mieux organisés que la plupart
des Palmipèdes pour séjourner à terre ; grâce à cette conformation , les oies passent sur les rivages les journées entières et ne
restent sur l'eau que pendant la nuit. Ces palmipèdes ne plongent que pour se baigner , et non pour chercher leur nourriture ,
qui est presque entièrement végétale.

L'oie cendrée se reproduit dans les contrées boréales et dans
les marécages de l'Angleterre , du Danemark , de l'Allemagne
et de la Russie. La femelle établit son nid parmi les joncs , sur
lesquels elle dépose de huit à quatorze œufs d'un blanc jaunâtre
et quelquefois verdâtre. Leur grand diamètre varie de $0^m,084$ à
$0^m,090$, et le petit, de $0^m,056$ à $0,062$. La femelle se livre seule
aux fonctions pénibles de l'incubation. Pendant ce temps , le mâle
exerce une surveillance rigoureuse et persévérante dans les localités voisines du berceau de la future famille.

OIE VULGAIRE. — ANSER SEGETUM.

Les habitudes de cette espèce ressemblant à celles que je viens
de décrire , je me bornerai à quelques courtes notions étymologiques, qui cette fois n'offrent pas de difficultés sérieuses. L'épithète *vulgaire* indique que l'oie qu'elle caractérise est plus com-
mune et plus répandue que les autres espèces. L'oie vulgaire
apparaît dans notre département en troupes nombreuses , et elle
le traverse deux fois , la première à l'époque des moissons (c'est
à cette circonstance qu'elle doit son nom *segetum* , « des moissons »); et la seconde fois pendant l'hiver, puis elle regagne les
régions boréales à l'époque du printemps. Je me rappelle que
dans l'hiver rigoureux de 1829 à 1830 , des bandes considérables

d'oies vulgaires, ne pouvant plus séjourner dans les marais ni sur les petits cours d'eau qui étaient gelés depuis assez longtemps, furent obligées de chercher un refuge sur la Loire qui charriait d'énormes glaçons. Saisies entre les glaces qui se heurtaient avec rapidité les unes contre les autres, les oies poussaient des cris déchirants, jusqu'au moment où elles succombaient sous un choc sans cesse renouvelé ! Appuyé sur le parapet des ponts de Saumur, je contemplais avec plusieurs de mes amis ce spectacle d'une lutte fatale et dont le souvenir n'est pas encore effacé de ma mémoire.

L'oie vulgaire niche dans les marécages de la Russie et des autres contrées du Nord. Cette espèce ressemble à l'*Oie à bec court*, avec laquelle elle est confondue par un certain nombre de naturalistes ; cette dernière est appelée *brachyrhychus*, mot formé de BRACHYS, « court, » et de RHYNCHOS, « bec. » L'oie à bec court, ne diffère de l'oie vulgaire, que par le bec plus court, la teinte jaune du bec moins étendue, le croupion plus cendré et des pieds plus pâles et dont la couleur est plutôt rougeâtre que jaune. Les deux espèces ou les deux variétés réunies dans cette même notice se reproduisent sur les herbes et les roseaux des marais des contrées boréales. La femelle pond de huit à douze œufs d'un blanc sale, dont le grand diamètre est de $0^m,084$ à $0^m,086$, et le petit, de $0^m,055$ à $0^m,057$.

Ellis (tome II, page 171) affirme que « la fiente sèche des oies sauvages sert de mèche aux Esquimaux pour mettre dans leurs lampes en guise de coton. »

OIE RIEUSE. — ANSER ALBIFRONS.

Ici ma tâche étymologique est facile ; elle consiste simplement à expliquer les deux épithètes qui servent à caractériser cette espèce. *Albifrons*, mot composé de *Albus*, *albi*, « blanc, » et de *frons*, *frontis*, « front, » indique que l'oie rieuse a sur la tête, sur le front, de larges taches blanches qui encadrent ses yeux et son bec. Quant à l'adjectif *rieuse*, elle pourrait déjà se justifier par l'étymologie indiquée par Pictet, et qui fait dériver

le mot *anser* d'une expression sanscrite signifiant « rire et *bailler*. »
De plus Edwards, qui s'est servi de l'épithète *rieuse* pour désigner
l'*Anser albifrons*, dit qu'il a employé cette expression parce
qu'elle peignait très-bien le cri de ce palmipède, cri ressemblant
à un éclat de rire.

L'oie rieuse vient beaucoup moins souvent dans notre département que les espèces précédentes. Elle voyage en troupes
innombrables, et s'abat dans les champs cultivés où elle exerce
de véritables ravages. Elle se nourrit de graines et de plantes. La
femelle pond, dans les marais des contrées du Nord, de huit à
douze œufs d'un blanc sale, ayant de 0ᵐ,080, à 0ᵐ,084 de longueur, et de 0ᵐ,054 à 0ᵐ,058 de diamètre.

OIE BERNACHE. — ANSER LEUCOPSIS.

L'épithète française donnée à cette oie se rattache à une série
d'erreurs qui, pendant bien des siècles, ont été adoptées même
par les savants. La *bernache* habite les contrées les plus glaciales
du Nord ; elle ne s'en éloigne que pendant les hivers les plus
rigoureux. Les habitants des rivages des climats tempérés voyant
les bernaches arriver subitement sur les côtes, par bandes innombrables, et ne connaissant ni le pays ni les habitudes de ces
oiseaux, se sont laissé égarer dans un système de fictions plus
ou moins ridicules pour expliquer la génération de ces palmipèdes. Ce sera dans ces fictions mêmes que nous trouverons
l'étymologie du mot *bernache*. Buffon (édition in-4°, tome IX,
pag. 94 et suivantes) rapporte, en paraissant y ajouter foi, le
sentiment de ceux qui pensent « que c'est dans les vieux mâts et
autres débris de navires tombés et pourris dans l'eau, que se
forment d'abord, comme de petits champignons ou de gros vers,
qui peu à peu se couvrent de duvet et de plumes, achèvent leur
métamorphose en se changeant en oiseaux, » et ces oiseaux sont
les bernaches. Buffon continue ainsi : « D'autres pensent que ce
ne sont ni des fruits ni des vers, mais des coquilles qui enfan-
tent les bernaches, et Moier affirme avoir ouvert plus de cent de
ces coquilles *anatifères* et avoir trouvé dans chacune d'elles un
oiseau tout formé ! ! »

Fulgoso (livre 1 , chap. VI) prétend « que les arbres qui portent les fruits donnant naissance aux bernaches ressemblent à des saules , qu'au bout de leurs branches se produisent de petites boules gonflées offrant l'embryon d'un canard qui pend par le bec à la branche et , que , lorsqu'il est mûr et formé , il tombe à la mer et s'envole ! » Vincent de Beauvais aime mieux « l'attacher au tronc et à l'écorce dont il suce la sève jusqu'à ce que , déjà grand et tout couvert de plumes , il s'en détache. » C'est cette dernière erreur qui a fait désigner la bernache sous le nom d'*Anser arboreus* , « l'oie arbre. » Une des îles Orcades , situées dans l'Océan Atlantique et appartenant à l'Angleterre , est appelée *Pomonia* parce que l'on pensait que le prodige raconté par Vincent de Beauvais se réalisait sur les arbres de cette île.

Cet exposé sommaire des fictions ridicules qui ont entouré la génération des oies bernaches fera comprendre facilement le motif qui a engagé les naturalistes à désigner ce palmipède par le nom qui lui est généralement consacré. *Bernache* dérive , selon M. Littré , du bas-latin *bernaca* , *bernicla* , en Anglais *barnacle* , d'un mot irlandais ainsi adopté parce qu'une opinion populaire faisait naître cet oiseau des *bernacles* ou *bernicles* , coquillages attachés aux végétaux du bord de la mer où il place son nid. Quelques-unes de ces coquilles ont reçu même le nom de *conques anatifères* , « conques qui portent , qui engendrent les canards. »

L'épithète *leucopsis* est formé de LEUKOS , « blanc , » et d'OPS , OPOS , « visage. » Cette dénomination fait connaître que la bernache a le front et les joues d'un blanc assez pur. Belon la désigne sous le nom de *nonnette* ou de *religieuse* , parce que le plumage des ailes de la bernache est entrecoupé de bandes ondulées blanches et noires ; couleurs , qui d'après Belon , la faisaient ressembler au costume des religieuses.

La chair de l'oie bernache est très-délicate. Ce palmipède se reproduit dans les régions les plus froides des deux hémisphères. La femelle pond de huit à douze œufs d'un blanc jaunâtre ou légèrement verdâtre. Le grand diamètre varie de 0^m,070 à 0^m,076 , et le petit , de 0^m,050 à 0^m,054.

OIE CRAVAN. — Anser bernicla.

Cette oie a été très-longtemps confondue avec la précédente , et c'est la raison pour laquelle on l'a désignée sous le nom de *bernicla*, qui n'est qu'une variante de *bernache*, et dérive lui-même du bas-latin *bernaca*, *barnaces*, *bernicla*.

D'après Gesner, *cravan* serait un dérivé de deux mots allemands, *grau*, « brun, » et *ent*, « canard, » et signifierait alors *canard brun*. Cette expression se justifierait par la couleur du plumage de l'oie cravan lequel est d'un gris brun ou noirâtre et uniforme ; caractère qui sert à la distinguer de la bernache.

Quelques auteurs pensent que l'adjectif *cravan* rappelle simplement l'erreur de ceux qui croyaient que certaines espèces d'oies étaient engendrées par des coquillages, et que ce nom a

été donné à ce palmipède parce qu'il était censé naître dans les *cravans*, coquilles bivalves de l'Ordre des *Brachiopodes*, mollusques dont la bouche est portée sur un long pédicule charnu, appelé *pousse-pied*. Ces mêmes coquilles ont été aussi nommées *anatifères* et *anatifes*, de *anas*, « canard, » et *fero*, « porter, produire, engendrer. » Elles s'attachent à la cale des navires. La cravan est aussi désignée sous le nom de *nonnette*. Voici le passage de Belon sur cette dénomination : « Le dessus de sa teste, le long du col par le derrière et par le devant de l'estomach, porte les plumes fort noires, mais dessous le bec jusqu'à la moitié du col, et au-dessous des yeux la couleur en est blanche se rapportant à l'habit des nonnains qui ont leurs couurechefs noirs doublez de blanc. » (Livre III, pag. 158-159.) A la page 166, Belon désigne la cravan sous le nom de *canne à collier*, parce que, de chaque côté du cou, une tache d'un blanc pur se distingue de la couleur d'un noir terne répandu sur la tête, sur le cou et sur le haut de la poitrine. Cette particularité explique pourquoi quelques naturalistes ont pensé que *cravan* pouvait être pris dans le sens d'*oie à cravate*. Ce palmipède était un des oiseaux sacrés des Egyptiens ; il habite les contrées tempérées, et est beaucoup plus aquatique que ses congénères ; il nage pendant des journées entières, s'apprivoise facilement, et se reproduit en captivité. Les œufs, au nombre de huit à douze, sont d'un blanc pur ou roussâtre. Leur longueur est de 0m,07 à 0m,08, et leur diamètre de 0m,05 à 0m,06.

CYGNE SAUVAGE. — Cycnus musicus.

Le cygne règne sur les eaux par sa beauté, par sa grâce et même par sa force. D'une blancheur sans égale, d'un port majestueux quand il est à terre, le cygne est encore plus élégant lorsqu'il se livre à la natation sur une belle nappe d'eau ; ses pattes lui servent de puissantes rames ; ses ailes concaves semblent se gonfler sous l'action du vent, et son long cou paraît se replier avec souplesse jusque sur sa poitrine. Le cygne soigne son plumage avec une recherche presque affectée ; il semble s'admirer lui-même en se contemplant dans le cristal des eaux limpides. Il éloigne du lieu de son séjour les autres oiseaux et même les chevaux qui pourraient, par leur présence, salir la propreté des étangs sur lesquels il se joue. Le cygne se défend avec succès, même contre les aigles, et souvent, dans ces combats, il terrasse ses adversaires avec ses ailes assez vigoureuses pour briser les jambes des jeunes chevaux qui s'aventurent au milieu des eaux. Mais c'est surtout lorsqu'il s'agit de protéger

ses petits, que le cygne manifeste une grande énergie et un courage vraiment héroïque. Le mâle nage en avant ; les petits se
tiennent derrière, et la femelle ferme la marche en jetant sans
cesse un regard scrutateur pour découvrir les ennemis qui pourraient survenir. Puis, afin de procurer un peu de repos à ses
petits, le père les promène sur son dos; l'on croirait volontiers
que le roi Henri IV se serait inspiré de ce touchant tableau pour
l'imiter en jouant avec ses enfants. Quand les ardeurs du soleil
sont trop vives, ou lorsque le vent souffle avec trop de violence,

le cygne met ses petits à l'abri en les enveloppant de ses ailes
gonflées. Ces quelques détails, bien sommaires et bien incomplets, sur les mœurs du cygne, peuvent cependant venir en aide
à l'étymologie de son nom. D'après Littré, « *cygne* dériverait du
latin *cycnus*, du grec ΚΙΚΝΟΣ, qui tient lui-même au latin *ciconia*
par l'intermédiaire du sanscrit *cakuni*, signifiant l'*oiseau*. » et
voudrait dire alors, l'*oiseau par excellence*. Cette acception serait très-juste en l'appliquant surtout à une catégorie particulière, à celle des oiseaux d'eau. Sous ce rapport, le cygne
peut très-bien être regardé comme le palmipède régnant sur les
eaux, de même que l'aigle règne dans les régions élevées de
l'air. Bien plus, le règne du cygne est le règne de la douceur et

de la paternité ; il ne se sert de sa force que pour défendre sa jeune famille.

Le cygne rend de grands services : il vit presque exclusivement de racines et de plantes qu'il arrache au fond de l'eau avec le secours de son cou long, flexible et doué d'une force prodigieuse due aux vingt-trois vertèbres qui le sillonnent intérieurement. A l'extrémité du cou se trouve un bec armé de scies tranchantes, et la mandibule supérieure est terminée par un onglet corné très-solide et approprié à la mission que la Providence a confiée au cygne. C'est avec ces moyens puissants que cet oiseau purifie les cours d'eau, les marécages, en arrachant toutes les plantes qui pourraient en corrompre la limpidité et la pureté, et qu'il combat les miasmes dangereux, les exhalaisons pestilentielles, et, par suite, les fièvres contagieuses. Il suffit de quelques cygnes dans un étang pour assurer la limpidité de l'eau et sa pureté. Le bec du cygne sauvage est noir et couvert à sa base d'une cire jaune qui se prolonge jusque sur les lorums en entourant les yeux. Le cygne domestique a le bec rouge dans toute sa longueur, à l'exception de l'extrémité de la mandibule supérieure qui est noire, ainsi que l'excroissance charnue qui s'élève vers la base de la même partie du bec. C'est cette différence notable qui a fait appeler *tuberculé* le cygne domestique. En-dessous des plumes extérieures, le cygne est revêtu d'un duvet bien fourni qui garantit le corps de l'oiseau des impressions de l'eau. Ce duvet, d'une grande mollesse et d'une blancheur parfaite, est très-recherché dans l'industrie.

Le cygne ne chante ni pendant sa vie ni à l'heure de sa mort. Il ne fait entendre qu'un sifflement sourd et strident. Cependant le cri du cygne sauvage est moins désagréable que celui du cygne domestique. L'adjectif *musicus,* « musicien, » ne s'appuie que sur une erreur des anciens, qui admettaient qu'à ses derniers moments le cygne faisait entendre une suave et douce mélodie.

> » Dulcia defecta modulatur carmina lingua
> Cantator cycnus funeris ipse sui.

« Sa langue, prête à se glacer, fait entendre de doux accords : le chant de la mort du cygne, c'est le cygne lui-même. »

(Martial, liv. XIII, épigramme LXXVII.)

Hésiode appelle le cygne AERSIPOTAS « *altivolans*, volant dans les régions élevées; » parce que le vol de cet oiseau est élevé en même temps qu'il est rapide.

Le cygne apparaît en Anjou pendant les hivers rigoureux ; des bandes assez nombreuses de ces palmipèdes vinrent s'abattre dans les marais de notre département vers la fin de 1829 et les premiers mois de 1830. Plusieurs cygnes furent tués près Saumur, et vendus à des maîtres d'hôtel qui en firent des pâtés trouvés délicats par les gastronomes, peut-être à cause de leur rareté ! Le cygne sauvage établit son nid au milieu des roseaux ; ce nid est formé d'une épaisse couche flottante, composée d'herbes desséchées, sur laquelle la femelle pond de six à huit œufs blancs, un peu roussâtres ou verdâtres ; cette couleur me semble être le résultat de leur contact avec les herbes. Les œufs du cygne domestique sont d'un gris verdâtre. Leur grand diamètre varie de $0^m,10$ à $0^m,12$, et le petit, de $0^m,069$ à $0^m,074$. Comme la femelle de l'oie, celle du cygne met un jour d'intervalle entre la ponte de chaque œuf.

La marche du cygne paraît plus embarrassée que celle de l'oie ; cette difficulté provient de ce que le cygne a les pieds plus courts et plus en arrière que ne le sont les pieds de l'oie, particularité qui prouve que le cygne est conformé plus pour la natation que pour la course à terre.

La vie de ce palmipède est très-longue, et. selon plusieurs auteurs, elle se prolongerait pendant un siècle entier.

* * *

CYGNE DE BERWICH. — CYCNUS BERWICHII OU CYCNUS MINOR.

Les mœurs de ce cygne sont les mêmes que celles du précédent. Il habite tous les grands lacs du nord de l'Europe, et surtout les eaux douces de l'Islande, contrée dans laquelle il se reproduit. La femelle pond de six à huit œufs d'un blanc un peu jaunâtre ; leur longueur est de $0^m,095$ à $0^m,10$, et leur diamètre, de $0^m,065$ à $0^m,070$. Ce palmipède est désigné sous le nom du savant qui a établi les caractères servant à distinguer ce cygne, de son congénère. L'adjectif *minor*, « petit, » indique que cet oiseau est plus petit que le précédent. Son bec est jaune à la base et un peu renflé. Enfin les plumes de son front représentent un angle obtus.

CANARD SAUVAGE. — ANAS BOSCHAS.

Le Genre canard renferme un grand nombre d'espèces visitant l'Anjou. Parmi ces espèces, plusieurs sont désignées par des noms vulgaires dont la signification a été pour moi l'objet de longues et de pénibles recherches. Si quelques-unes de ces dénominations, mais en très-petit nombre, se dérobent à mes investigations, j'imiterai les généraux d'armée : je tournerai la position et je passerai outre, en me bornant à donner des détails sur les mœurs de ces palmipèdes.

L'ancien nom français du canard était *ane* de *anas* d'où l'on a formé plus tard *cane* et *canard*, que Diez rattache à l'allemand *kahn*, « bateau», » principe du vieux latin *canardus*, « espèce de navire. » (Chevalet, tome II, pag. 136.) D'après Roquefort, le canard serait ainsi nommé de son cri répété *can-can*. Si l'on admet que *canard* dérive du mot *anas*, il s'agit d erechercher l'étymologie de cette expression. *Anas* a pour principe NÊTTA, NÊSSA, de NAÔ, « nager. » *Canard* signifie donc *le nageur*, dénomination exacte, mais qui n'est peut-être pas assez caractéristique, car elle convient à beaucoup d'autres oiseaux. Quant à l'adjectif *boscas*, il vient du grec BOSCAS, BOSCADOS dont la racine est BOSCÔ, « brouter, paître, » et indique l'habitude de ce palmipède de brouter les pointes des végétaux et de tondre l'herbe avec une grande facilité. Ménage se demande si le mot *cane* n'aurait pas été donné à cet oiseau parce qu'il se plaît parmi les cannes et les roseaux. Ce qui pourrait rendre cette hypothèse tant soit peu plausible, c'est que, selon Caseneuve, *cane* vient de l'hébreu *kaneh*, signifiant *arundo* vel *calamus*, « roseau. »

L'épithète *sauvage* sépare ce palmipède de toutes les espèces réduites en domesticité. Le mâle se distingue de la femelle par quatre plumes moyennes de la queue qui sont relevées en boucle. Dans toutes les espèces de canards le mâle est beaucoup plus gros que la femelle, particularité entièrement opposée à celle qui existe dans les oiseaux de proie, dont les mâles sont d'un tiers plus petits que les femelles.

Le mot *canard* est synonyme de *tromperie*, de *fausse nouvelle*, de *choses impossibles*. Les différents sens qu'on attache à ce mot s'appuient-ils sur les mœurs de cet oiseau? Je pense qu'on peut trouver quelque analogie entre les habitudes du canard et le dicton populaire.

Lorsque les rigueurs de l'hiver amènent dans nos contrées des troupes innombrables de canards qui viennent s'abattre sur les cours d'eau et dans les vastes marais, des chasseurs se réfugient dans des huttes formées par les branches repliées de jeunes arbres et d'osiers, ou dans des cabanes recouvertes de feuillages et placées sur de légers bateaux. Là, ces chasseurs passent les jours et les nuits à attendre les canards sauvages ; mais pour attirer ceux-ci à portée de fusil de leurs huttes, ils dressent des canards domestiques à servir d'*appeaux*.

Ces derniers poussent des cris de rappel quand ils aperçoivent les bandes de leurs congénères, puis s'envolent pour aller au-devant d'eux et les engager à s'abattre près de la hutte d'où doit partir le plomb meurtrier. La conduite du canard domestique peut donc être regardée comme un symbole personnifiant le mensonge, la perfidie, puisque ce palmipède vole au-devant de ses semblables, paraissant leur offrir un lieu de repos et d'hospitalité, tandis qu'il les conduit à la mort. Le sens attaché vulgairement au mot *canard* peut donc ici s'appuyer sur les mœurs de ce palmipède. De plus cet oiseau trompe souvent les chasseurs par sa stratégie. Lorsque les bandes de canards s'envolent à l'approche du danger ou lors même qu'elles se préparent à s'abattre, elles s'élèvent verticalement, poussent de grands cris, tourbillonnent plusieurs fois, puis rasent la surface de l'eau assez longtemps avant de nager. De sorte que le chasseur est presque toujours trompé dans son attente, car le gibier qu'il pour. suivait est bien loin de l'endroit où il avait cru le voir se reposer. Il en est de même de la femelle ; lorsqu'elle couve, elle ne revient jamais directement sur son nid, mais elle suit une série de lignes brisées. Dans ces différentes circonstances le canard est donc un trompeur, et, dès lors, son nom peut rappeler le mensonge et ce qui est faux.

Enfin le canard est omnivore, et son appétit est insatiable ; il mange de tout et en une telle quantité que souvent la réalité, dans cette conjecture, n'a pas même le cachet de la vraisemblance.

Sous ce rapport encore, le mot *canard* se lie à l'idée de choses impossibles ou du moins bien extraordinaires. Ces choses deviennent encore beaucoup moins croyables quand il s'agit de *canards américains*. On connaît la légende d'après laquelle un habitant du Nouveau-Monde, voulant introduire en Europe une espèce de canard originaire de son pays, apporta sur le navire une douzaine de ces palmipèdes qu'il entourait de ses soins vigilants. Hélas ! quel ne fut pas son étonnement lorsqu'ayant négligé, par suite d'une indisposition de quelques jours, de visiter la cabine dans laquelle étaient renfermés les douze canards, il n'en trouva plus qu'un seul qui avait dévoré ses onze congénères ! Quel estomac ! Quel canard !

Les différents canards s'unissent entre eux, et de ces unions naissent des individus formant des espèces fictives et donnant lieu à des classifications erronées. Un canard est donc un être difficile à déterminer et dont on ignore la véritable souche.

La cane ordinaire, unie au canard musqué ou canard de l'Inde, donne naissance au *mulard*, dont le foie sert à composer des pâtés que les gastronomes proclament la merveille des merveilles culinaires.

Aucun des canards de l'Europe ne se perche, tandis que tous ceux de l'Amérique sont doués de cette faculté. Ici on reconnaît encore une preuve de la Providence de Dieu qui a donné au canard du Nouveau-Monde un moyen puissant d'échapper à la poursuite des serpents qui désolent ces contrées lointaines.

La nourriture du canard sauvage est végétale et animale ; pour se la procurer, non-seulement il nage, et visite les marais et les cours d'eau dans tous les sens, mais il plonge aussi en immergeant son cou et une partie de son corps, et occupe ainsi une position perpendiculaire pendant un temps assez long pour lui laisser le loisir de chercher dans la vase des marais les herbes et les insectes qui s'y sont réfugiés.

Chaque année quelques couples se reproduisent en Anjou. Le nid formé, à l'extérieur, de feuilles sèches, de racines, d'herbes, et, à l'intérieur, de plumes et de duvet que la femelle s'arrache chaque jour jusqu'au moment de l'éclosion, est placé parmi les buissons ou les bois des marécages, et quelquefois sur la tête des vieilles souches. Les œufs, au nombre de dix à quatorze, sont d'un gris verdâtre pâle, et se distinguent de ceux du canard domestique par des dimensions un peu plus petites et par des nuances moins foncées. Le grand diamètre est de 0^m,054 à 0^m,060, et le petit, de 0^m,040 à 0^m,042. Pendant l'incubation rien ne peut éloigner la femelle de son nid ; elle ne le quitte qu'à l'approche de l'homme, dont elle semble même quelquefois braver la présence.

CANARD TADORNE. — ANAS TADORNA.

Afin de pouvoir justifier, du moins en partie, l'hypothèse que je vais soumettre à mes lecteurs, sur le mot *tadorne*, je commence par relater ici quelques passages des anciens auteurs. Le premier appartient à Rabelais, et indique une étymologie que je suis loin d'admettre. La voici : « La *tadourne* est une sorte d'oie, plus grosse que le canard et qui se faisant moins entendre que les autres oies, aura pu avoir été appelée de la sorte de *taciturna* « taciturne.» (Nouv. édit. an 1782, tome Ier, livre I, chap. XXXVIII, pag. 276.)

« La tadorne, » dit Belon, « est oiseau moult ressemblant à une cane, mais on la voit rarement en France, sinon ès courts des grands seigneurs, à qui on les apporte des autres provinces du dehors. » (Liv. III, pag. 172.)

Dans les dessins qui accompagnent le texte d'Aldrovande, on trouve *tardone*.

L'adjectif qui sert à désigner le canard qui est le sujet de cette notice, a donc été écrit, de différentes manières, *tadourne, tardone*. Les variations dans l'orthographe de ce mot peuvent servir à trouver le principe d'une expression employée par tous les auteurs sans qu'aucun d'eux ait indiqué, du moins à ma connaissance, la racine de cet adjectif. Il est évident, d'après les textes énoncés ci-dessus, et qu'il serait facile de multiplier, que les anciens naturalistes comparaient le tadorne à une oie *moult grasse*, et qu'ils la désignaient sous le nom de la *tadourne* ou la *tardone*. Dès lors cette expression ne serait-elle pas l'équivalent du mot outarde, provenant des mêmes racines, mais présentées dans un sens inverse, et composée de *tarde*, « grasse, et *ourne*, *orne*, *oue*, « oiseau, oie? » Cette hypothèse pourrait se justifier par l'opinion des anciens auteurs qui tous prenaient le tardone pour une oie et une oie grasse.

Buffon appelait ce palmipède *canard-renard*, *canard-lapin ;* en latin il est désigné sous le nom de *vulpanser*, *de vulpes*, « renard, » et *anser*, « oie, renard-oie. » Ces expressions me sourient beaucoup plus que celle de *tadorne*, parce qu'elles ont l'avantage de représenter une des habitudes caractéristiques du palmipède qu'elles déterminent. Ce canard est le seul, parmi tous ses congénères, à chercher, comme le renard, comme le lapin, un gîte pour y établir son nid et y élever sa jeune famille. Quelques auteurs même prétendent que le tadorne dispute aux lapins leurs garennes , et que par sa tenacité il reste maître du terrain. Dans toutes les langues cet oiseau porte un nom qui rappelle l'habitude que je viens de relater. Sur les bords de la mer , le tadorne niche dans les fentes des rochers ; au milieu des endroits marécageux , il se réfugie dans les trous des vieux arbres. La femelle pond de douze à quatorze œufs d'un blanc un peu verdâtre. Le grand diamètre est de 0^m,062 à 0^m,065 , et le petit , de 0^m,044 à 0^m,046.

Quand la ponte est terminée , la femelle recouvre ses œufs d'un duvet blanc et très-fin dont elle se dépouille elle-même. Pendant tout le temps de l'incubation , le mâle se tient en vedette sur les dunes. Dès que les petits sont éclos , leurs parents les conduisent à la mer.

Le tadorne ne se mêle pas aux bandes des autres espèces de canards , il voyage par couples ou par petites bandes. Il se nourrit de vers de mer , de sauterelles , de petits poissons , de plantes marines , de leurs racines et de petits coquillages qui se détachent du fond de la mer sous l'action des flots agités. Ces débris de coquillages se mêlent à l'écume , et sont capturés très-facilement par le tadorne dont le bec , aplati vers le bout et renflé à la base de la mandibule supérieure , décrit une ligne concave favorisant la mission confiée à ce palmipède par la Providence de Dieu.

Le tadorne est encore appelé le *canard des Alpes* parce qu'il niche dans la fente des rochers qui bordent quelques-uns des grands lacs situés au milieu des montagnes.

Ce palmipède est un excellent gibier , et déjà du temps de Pline il était regardé comme le rôti le plus succulent fourni par les canards. « Suaviores epulas , olim , vulpansere non noverat Britannia : — La Bretagne autrefois ne connaissait pas de gibier plus succulent que le renard-oie. » (Pline , liv. X , chap. XXII.)

Les Grecs donnaient aux œufs de cet oiseau le premier rang après ceux du paon. Le duvet du tadorne est presque aussi fin et aussi doux que celui de l'Eider.

CANARD CHIPEAU ou RIDENNE. — Anas strepera.

Ce canard plonge très-bien et assez longtemps. Il habite les prairies marécageuses du nord de l'Europe. Ses habitudes ressemblent à celles de ses congénères. Ma tâche se borne donc à expliquer les noms sous lesquels il est désigné en latin et dans la langue vulgaire. L'adjectif *strepera* dérive de *strepo* , *strepere* , « faire du bruit , » et indique que cette espèce a un cri de rappel plus accentué , plus répété et surtout plus fatigant à entendre

que celui des autres canards. Aussi est-il communément appelé le *chipeau bruyant.* Quant aux dénominations *chipeau* et *ridenne* , elles ont le même sens et servent à déterminer , d'une manière expressive , mais un peu triviale , l'ensemble de la couleur du plumage de cet oiseau. *Chiper* , en terme de tannerie , signifie *passer au tan* , donner une couleur brune semblable à celle du tan. C'est ainsi qu'on appelle *basane chipée* celle qui a subi l'apprêt du tan. *Chipeau* représente donc l'idée de couleur brune , rousse , semblable au tan. C'est pourquoi les chasseurs de canards appellent le chipeau le *rousseau* ou le *roux. Ridenne* exprime la même idée que chipeau ; aussi le canard que cette expression détermine est-il appelé indifféremment *chipeau* ou *ridenne.* Cette dernière dénomination me semble dériver d'un vieux mot français, *ride*, servant à désigner une espèce de grosse toile jaunâtre ou d'un gris roux. Dès lors *chipeau*, *ridenne*, *rousseau* seraient trois mots servant, sous des formes différentes, à retracer la couleur dominante de ce canard. Si l'on eût conservé au palmipède dont j'essaie d'expliquer les noms vulgaires, l'épithète *ridelle*, elle eût été plus caractéristique que celle de *ridenne*. J'eusse désiré pouvoir trouver quelques motifs un peu plausibles de rattacher ces deux expressions à la même racine. On appelle *ridelles* les côtés d'une charrette faite en forme de râtelier. Or le chipeau est, avec le souchet, le seul palmipède du Genre canard, dont le bec ait un caractère très-distinctif, consistant en une série de petites *ridelles* ou *lamelles* qui garnissent la mandibule supérieure. Ces lamelles minces, longues et très en saillie au delà des bords, recouvrent même une partie de la mandibule inférieure, sont très-visibles sur la plus grande partie du bec, et semblent dès lors se rapprocher des *ridelles*. La chair du canard chipeau est très-appréciée par les gastronomes.

Le ridenne niche au milieu des joncs, dans les grands marécages du nord de l'Europe. La ponte est de douze œufs d'un gris jaunâtre ou verdâtre très-pâle. Leur longueur est de 0^m,052 à 0^m,056, et leur diamètre, de 0^m,038 à 0^m,040.

CANARD PILET. — ANAS ACUTA.

Le canard pilet se rapproche beaucoup des habitudes de la sarcelle. Peut-être est-ce à cette relation qu'il doit d'être considéré, ainsi que la sarcelle, comme un aliment maigre pouvant être mangé pendant les jours d'abstinence. Ce palmipède doit son nom vulgaire et son nom scientifique à une particularité du plumage du mâle. La queue du pilet est conique, et celle du mâle porte deux pennes intermédiaires, effilées, dépassant les latérales, de plus de 0^m,055. Ces deux pennes ressemblent à deux flèches, et expliquent la dénomination donnée au *pilet*. Cet adjectif se rapporte au vieux latin *pilatus*, signifiant « soldat armé d'un dard, d'un javelot, » et dérivant de *piletta*, « javelot. » Dans les glossaires de basse latinité, on trouve *pileatus*, « celui qui est coiffé d'un bonnet pointu. » D'où l'on a donné le nom de *pilettes* à certains ornements en forme de flèches qui surmontaient les *coiffes* des femmes à l'époque où celles-ci portaient des *mortiers*. De même on appelait *pileus* le bonnet que l'on fixait à l'extrémité d'une pique, d'une lance, et autour duquel se groupaient les esclaves que l'on devait vendre.

On lit dans Guillaume Guiart (année 1214) les vers suivants, justifiant le sens énoncé ci-dessus :

« Ribaus qui de l'ost se partent
Par les champs çà et là s'espartent,
Li uns une *pilette* porte
L'autre croc ou maçue torte.

Dans notre département, les chasseurs et les pêcheurs l'appellent, en leur langage expressif, le *pointard*. M. Millet de la Turtaudière croit que ce nom a été donné au pilet parce que cet oiseau, lorsqu'il s'envole, s'élève dans l'air perpendiculairement en faisant une *pointe* rapide. Je pense que *pointard* n'est qu'un

équivalent du mot *pilet*, et que ces deux expressions ont pour
principe les longues pennes de la queue du mâle. L'adjectif *acuta*,
« pointue, » vient encore fortifier mon opinion. Enfin les nouvelles ornithologies désignent le pilet sous le nom d'*acuticaude*,
de *acuta*, « pointue, » et *cauda*, « queue. »

Ce palmipède habite ordinairement le nord de l'Europe et de
l'Amérique. Il quitte ces contrées pendant la saison rigoureuse
de l'hiver et apparaît alors en Anjou par bandes assez considérables. La femelle compose dans les marais, avec des herbes
desséchées, une coupe aplatie qui porte ordinairement de huit
à dix œufs d'un gris verdâtre peu foncé ou roussâtre ; leur grand
diamètre varie de 0^m,054 à 0^m,060, et le petit, de 0^m,042 à
0^m,044.

CANARD SIFFLEUR. — Anas penelope.

Cette espèce doit son nom vulgaire au cri perçant, aigu,
ouigneux qu'elle fait entendre assez fréquemment, et qui sert à
distinguer le *siffleur* de tous ses congénères. Le siffleur se nourit
principalement de végétaux qu'il broute comme les oies, et il ne
crible pas la vase avec son bec à la manière des sarcelles et des
canards. Quant au mot *Penelope*, il peut être un simple souvenir
mythologique ou une expression servant à indiquer la fidélité de

la femelle au mâle. Aldrovande (chap. XIX, pag. 92) prétend, d'après Isacius Tzetzes, que Périthée et Icarius ayant jeté à la mer leur jeune fille, celle-ci fut sauvée par des canards qui, de la surface de l'eau, la conduisirent sur le rivage, et permirent ainsi à ses parents d'en prendre soin de nouveau. Aldrovande pense que ces canards portaient le nom de *Penelopes*, et que dès lors, ils auraient donné leur nom à la fille d'Icarius. D'autres croient, au contraire, que les canards auraient été ainsi appelés du nom de celle qu'ils avaient sauvée, et que *Penelope* serait une dénomination destinée à perpétuer l'acte de dévouement exercé par ces palmipèdes. La jeune Pénélope devint plus tard l'épouse d'Ulysse, auquel elle resta fidèle pendant toute la durée du siége de Troie, malgré les instances des prétendants qui demandaient sa main. Pour les éloigner, Pénélope promit de donner la préférence à celui qui pourrait tendre l'arc d'Ulysse, et de se décider quand une pièce de toile à laquelle elle travaillait serait terminée. Mais elle défaisait pendant la nuit ce qu'elle avait fait pendant le jour. A son retour Ulysse tua tous ses prétendants. La femelle du canard pénélope est-elle aussi fidèle que l'épouse d'Ulysse, et le mâle est-il aussi terrible dans ses vengeances que le vainqueur de Troie? J'abandonne aux érudits la réponse à ces deux questions, et je crois que dans la dénomination donnée au canard pénélope, il n'y a qu'un souvenir mythologique rappelant le sauvetage de la fille d'Icarius.

Quoique bonne, la chair de ce canard est cependant réputée *maigre*. Le siffleur habite les contrées orientales de l'Europe et niche dans les herbes des marais. La femelle pond de huit à douze œufs d'un gris jaunâtre et légèrement verdâtre. La longueur est de 0^m,054 à 0^m,058, et le diamètre, de 0^m,038 à 0^m,040.

CANARD SOUCHET. — ANAS CLYPEATA.

Deux épithètes servent à distinguer ce canard de ses congénères; l'une latine, *clypeata*, l'autre vulgaire, *souchet*. La première peut s'expliquer assez facilement, mais il n'en est pas de même de la seconde. L'adjectif *clypeata*, dont la racine est *clypeus*, « bouclier, » signifie qui « porte un bouclier. » Cette

dénomination, singulière en apparence, se justifie par le vert
doré des rémiges qui forment un long miroir anguleux sur l'aile
quand elle est pliée. Ce miroir, un peu éblouissant, semble
représenter une espèce de bouclier appuyé sur les ailes de l'oiseau.
Les chasseurs, ne se préoccupant que de la couleur vive de cette
partie du plumage du souchet, l'appellent le *rouget*. D'autres lui
donnent le nom de *bec en cueiller*. Cette dernière dénomination
est la plus caractéristique. En effet, le signe distinctif du souchet
est le développement excessif de l'extrémité de la mandibule
supérieure qui dépasse de moitié la mandibule inférieure. Cette
particularité rapproche le bec du souchet de celui de la spatule ;
aussi est-il désigné par un certain nombre de naturalistes sous
ces mots : *Anas spatula*, « canard spatule. » Il me reste à indiquer, autant que possible, l'étymologie du mot *souchet*. En bota-
nique, souchet est le type de la famille des *Cypéracées* et de la
tribu des *Cypérées*, qui se développent sur le bord des eaux et
dans les marais. Parmi les espèces comprises dans cette famille,
on distingue le *souchet à papier*, « papyrus. »

Le canard auquel je consacre cette courte notice doit-il son
nom vulgaire à son séjour de prédilection au milieu des marais,
des souchets ? S'il en était ainsi, l'étymologie aurait du moins
une raison d'être. En cherchant dans les vieux glossaires quelques renseignements sur le mot *souchet*, j'ai trouvé un détail
sur la *souche* ou la *bûche* de Noël, et l'on me permettra de le
transcrire ici, comme pouvant être agréable à quelques-uns de
mes lecteurs. En Anjou, pendant la messe de minuit, on met
dans le foyer de chaque maison la souche la plus grosse que l'on
puisse trouver dans le bûcher. Cette coutume est à peu près géné-
rale en France ; elle doit reposer sur certaines croyances popu-
laires. Voici ce que je lis dans le *Glossaire du centre de la France*,
par M. le comte Jaubert (t. I, p. 282) : « La souche ou cosse de
Nau ou *No* est celle que l'on met dans le foyer pendant la messe
de Noël, grosse pour en avoir davantage. On la conserve ensuite
sous le lit du maître de la maison, et on jette un morceau dans
le foyer pendant l'orage, afin de préserver la famille contre le feu
du temps. »

Je reviens au souchet : ce canard vit de petits vers, d'insectes
qu'il saisit en triturant les vases avec ses lamelles très-longues

qui ressemblent aux dents d'un peigne ; il se nourrit aussi de petits poissons, de plantes aquatiques et de jeunes plantes des cypérées. Serait-ce le motif qui lui a fait donner son nom ?

Continuons donc encore nos recherches sans trop nous décourager. A ce sujet, je me rappelle deux vers de Régnier qui peuvent trouver leur place ici, car ils peignent d'une manière bien simple et bien vraie les tribulations de tous ceux qui se livrent aux travaux intellectuels, puis *souche*, dans les anciens glossaires, signifie *soucis*, *inquiétudes*, *chagrins*, etc.

Voici les vers de Régnier :

> Nous vivons à tâtons, et, dans ce monde-ci,
> Souvent avec travail on poursuit du souci.

Roquefort pense que *souchet* dérive de *juncelus*, diminutif de *juncus*, « jonc. » Cette interprétation, dont je n'assume pas la responsabilité, s'harmoniserait avec les hypothèses que j'ai indiquées, et constaterait les lieux où séjourne le souchet, c'est-à-dire les marais semés de roseaux et de joncs. Les nouvelles ornithologies désignent le souchet sous le nom peu harmonieux de *rhynchaspis*, composé de RYNCHOS, « bec, » et ASPIS, « bouclier rond. » La forme ronde du bec de ce palmipède a donc fixé d'une manière sérieuse l'attention des savants. Puisqu'il en est ainsi, il me semble que *souchet* peut représenter la même idée ; car une des espèces du souchet, plante, est appelée *cyperus rotondus*, parce que ses racines sont rondes. Enfin *souchet* signifie aussi *stupide*, et, pris dans ce sens, le nom vulgaire de cet oiseau représenterait bien la physionomie d'un oiseau qu'on dirait être étonné de porter un bec peu en rapport avec les dimensions de sa tête.

Le souchet traverse l'Anjou par bandes peu nombreuses. Sa chair est très-délicate. Ce palmipède se reproduit dans les marais et les lacs du nord de l'Europe. La femelle établit son nid au milieu des joncs et sur les débris de ces plantes. Là, elle pond de dix à quatorze œufs d'un gris verdâtre peu accentué. Leur grand diamètre est de $0^m,054$ à $0^m,056$, et le petit, de $0^m,036$ à $0^m,037$.

SARCELLE D'HIVER. — Anas crecca.

La sarcelle, que les habitants des bords des cours d'eau appellent *canette* ou *petite cane*, aime à se tenir, pendant le jour, cachée dans les fourrés situés le long des rivières ou dans les endroits fangeux des marais. Ce n'est qu'au crépuscule qu'elle se met en mouvement, soit pour changer de localité, soit pour chercher sa nourriture qui est animale et végétale. Dans son vol, le mâle fait entendre un cri perçant répété plusieurs fois de suite et qui ressemble à un coup de sifflet très-aigu. C'est à cette habitude que la sarcelle doit son nom latin : « KEKRAS *dicitur avis quæ alio nomine vocatur* KREX, on appelle KERKAS l'oiseau qu'on désigne sous le nom de CREX. » Or cette dernière dénomination dérive de CREKÔ, signifiant « faire un bruit désagréable. » Le mot *crecca* se rapproche du cri de la sarcelle qui répète plusieurs fois de suite et d'une manière sifflée *kric, kric, krec, krec*. Aussi les chasseurs l'appellent-ils le *criquet*, le *criquart*, expression très-caractéristique. Roquefort affirme aussi que le principe de *crecca* est KERKÔ, poétique pour KREKÔ, « faire un bruit strident, agaçant, en poussant la navette. »

Quelques auteurs pensent que l'épithète *crecca* conviendrait mieux à la sarcelle d'été qu'à celle d'hiver, parce que la première aime, encore plus que sa congénère, à s'ébattre dans les airs en jetant des cris sifflés.

Quant au mot *sarcelle*, il paraît être, d'après Ménage, Bouillet, etc., une corruption du latin *querquedula*. Autrefois on écrivait *cercelle* et même *cercerelle*. Selon Voss et Jos. Scaliger, *querquedula* aurait pour principe KERKETHALLIS composé de KERKIS, KREKÔ, « faire un bruit désagréable, » et THALLIS, de THALLÔ, « être à son comble, être dans toute sa force. » Toutefois ce dernier sens est pris en mauvaise part.

Le vol de la sarcelle est rapide et élevé. Cet oiseau fréquente les eaux douces et se reproduit parmi les marécages. La femelle pond, dans un nid grossièrement façonné avec les débris des plantes, de huit à douze œufs d'un blanc jaune roux. Leur grand diamètre est de $0^m,042$ à $0^m,046$, et le petit, de $0^m,032$ à $0^m,034$. Ils ne diffèrent de ceux de la sarcelle d'été que par des proportions un peu plus petites. On la nomme *sarcelle d'hiver*, parce que c'est vers cette saison qu'elle manifeste, dans nos contrées, sa présence en plus grand nombre. Cependant quelques couples restent, toute l'année, en Anjou, et s'y reproduisent.

SARCELLE D'ÉTÉ. — ANAS QUERQUEDULA.

Cette espèce est désignée par des noms déjà connus ; il ne me reste plus qu'à donner quelques détails sur la sarcelle d'*été*, ainsi appelée parce qu'elle reste en France pendant le Printemps et l'Été. Son nom populaire est *halebran*, composé de deux mots allemands, *halb*, « demi, » et *ente*, « canard. » Les Allemands l'appellent *halbente*. Les sarcelles d'été sont d'un caractère très-gai. Elles aiment à jouer entre elles sur l'eau ou dans les airs, à se poursuivre en poussant des cris qui se rapprochent de ceux du râle de genêt. Ces palmipèdes vivent par couples, pendant l'été, puis ensuite par familles, et se réunissent enfin en grand nombre à l'époque de l'Automne. La sarcelle d'été dissimule très-bien son nid, qu'elle compose d'une couche épaisse de joncs et d'herbes. Ce nid, caché dans les touffes de roseaux des vastes marais, renferme six ou huit œufs oblongs, d'un blanc sale ou d'un roux jaunâtre. Leur longueur est de 0^m,046 à 0^m,050, et leur diamètre, de 0^m,032 à 0,034. Quoique réputée *maigre*, la chair de la sarcelle est assez estimée par les gastronomes.

DOUBLE MACREUSE. — ANAS FUSCA.

Dans la plupart des ornithologies, les espèces suivantes forment un Genre à part, sous le nom de *Fuligules.* Ces palmipèdes s'éloignent des canards proprement dits, non-seulement par des caractères physiques, mais surtout par des mœurs et des habitudes différentes. Les fuligules préfèrent en général les eaux salées aux cours des fleuves et des rivières, cherchent leur nourriture en plongeant, et vivent presque exclusivement de petits poissons, de vers et de mollusques bivalves.

La double macreuse forme, avec le morillon, le garrot, le milouin, le milouinan et la macreuse, une section particulière parmi les canards : c'est le groupe des *fuligules*, expression formée de *fuligo*, « suie, noir de fumée. » Cette épithète indique la teinte qui domine dans le plumage de ces palmipèdes. Les fuligules se distinguent encore des canards par le pouce qui n'est pas élevé comme celui de leurs congénères, mais réuni aux doigts par une membrane assez accentuée. Cette disposition particulière des doigts des fuligules indique que ces oiseaux sont conformés pour se livrer à une natation sous les eaux, et, dès lors, destinés à la pêche soit des poissons, soit des coquilles sous-marines. De plus, leur marche à terre est très-pesante et très-difficile ; enfin ils s'éloignent beaucoup de tout esprit de domesticité.

La naissance des macreuses a été, pendant de longs siècles, entourée des mêmes préjugés que celle des oies bernaches, etc. Certains auteurs pensaient que ces oiseaux naissaient du fruit d'un arbre des îles Orcades, d'autres qu'ils étaient engendrés par des mousses marines, par l'écume de la mer, par les bois pourris, enfin par les coquilles anatifères. Aristote croyait que les macreuses étaient le résultat d'une génération spontanée, fruit de la corruption des végétaux. Voici comment Guillaume de Saluste, seigneur du Bartas, a décrit, dans ses vers, la croyance populaire sur cette question :

> « Ainsi souls soy Boote, ès glaceuses campagnes,
> Tardif, void des oiseaux qu'on appelle granaignes
> Qui sont fils, comme on dit, de certains arbrisseaux,
> Que leur feuille féconde anime dans les eaux.

> Ainsi le vieil fragment d'une barque se change
> En des canars volans, ô changement estrange !
> Mesme corps fut iadis arbre vert, puis vaisseau.
> Naguères champignon et maintenant oiseau. »

(Le sixiesme iour de la sepmaine, dernière édition, 1611, page 309.)

Les naturalistes, les médecins, les philosophes ayant admis et propagé les erreurs citées plus haut sur la génération des macreuses, ces oiseaux furent classés parmi les aliments maigres comme ayant pour principe les arbres, les végétaux, etc. Le pape Innocent III s'éleva contre cette erreur, et condamna cet abus vers la fin du douzième siècle. Le préjugé était tellement enraciné que la défense du Pape ne put l'ébranler, et que la macreuse continua à être mangée comme un aliment maigre jusqu'au commencement du dix-septième siècle. Maintenant encore un grand nombre de personnes agissent sous l'influence de cette croyance erronée. Gérard de Ver ayant constaté dans son voyage au Groënland que les macreuses étaient des canards, on chercha un prétexte de maintenir, quand même, la permission de manger ces palmipèdes, les jours d'abstinence. On affirma alors que le sang des macreuses était froid, qu'il ne se condensait pas, que leur graisse, comme celle des poissons, avait la propriété de ne se figer jamais. Les macreuses furent donc assimilées aux poissons, et, sous un autre point de vue, réputées encore aliments maigres. C'est aussi sous l'influence de ce préjugé que l'on dit d'un homme peu courageux qu'il a du *sang de macreuse* dans les veines. Un motif plus plausible pourrait justifier la concession de manger les macreuses, les jours de jeûne et d'abstinence : c'est que « leur chair est un piètre régal, » selon l'expression de Toussenel, « qui peut se manger sans péché dans les jours de pénitence. » En effet, la chair de la double macreuse est noire, coriace, huileuse, sentant le marécage et d'un goût très-désagréable.

Je reviens à la question étymologique. Scheler prétend que *macreuse* a la même racine que *maquereau*, dérivant de *macula*, « tache. » Cette hypothèse ne peut pas même s'appuyer sur une apparence de vérité, puisque le plumage de la double macreuse est d'un brun noir uniforme, exprimé par l'adjectif latin *fusca*, « noir, brun. » Roquefort pense que *mercoot*, *marcol*, termes hollandais, ont formé *macrouse*, puis *macreuse*. L'hypothèse la plus probable , et qui s'appuie sur les anciens préjugés , donne pour racine à *macreuse* l'adjectif latin *macer , macera , macerum ,* « maigre , peu charnu , » et *anas ,* « canard , » expression signifiant dès lors , *canard maigre.*

La macreuse que j'étudie en ce moment a été appelée *double* parce qu'elle a des proportions plus fortes que la macreuse ordinaire. La taille de la première l'emporte de six centimètres sur celle de la seconde.

La double macreuse préfère les eaux salées aux eaux douces ; elle habite les mers polaires. Là ces palmipèdes plongent jusqu'à dix mètres de profondeur pour chercher sur les rochers sous-marins les petites coquilles qui s'y attachent. Ils restent longtemps sous l'eau , et , quand un de ces canards plonge , toute la bande , quelque nombreuse qu'elle soit , le suit et l'imite au même instant. C'est cette habitude qui occasionne chaque année la capture d'un très-grand nombre de macreuses. Lorsque les froids rigoureux forcent ces oiseaux à se réfugier sur les côtes des régions tempérées , les chasseurs tendent d'immenses filets au-dessous de l'eau qui baigne les bancs où se trouvent les coquilles servant de nourriture à ces canards. Ceux-ci , en plongeant , s'enlacent dans les filets , et l'on en capture ainsi un nombre considérable.

Les macreuses se reproduisent dans les régions du Nord , et , en grande quantité , sur les côtes de la Suède et de la Norwége. Le nid de ces oiseaux , placé dans les herbes marécageuses , contient de huit à douze œufs d'un blanc gris jaune. Le grand diamètre est de $0^m,062$ à $0^m,064$, et le petit , de $0^m,046$ à $0^m,048$.

CANARD MACREUSE. — ANAS NIGRA.

La notice consacrée à ce canard sera très-courte , les noms ayant été expliqués précédemment. L'épithète *nigra ,* « noire , » exprime la même idée que *fusca ,* mais avec une nuance plus prononcée. La macreuse habite les régions arctiques , qu'elle abandonne pendant les hivers rigoureux. Elle arrive sur les côtes de la France en troupes innombrables. En Picardie on la capture , comme la double macreuse , avec des filets tendus dans la mer au-dessus des bancs sur lesquels reposent les moules et les autres coquilles bivalves. Pendant plusieurs siècles, on a attribué à la macreuse la même origine qu'à la double macreuse. Ce palmipède

se reproduit en grande quantité sur les rivages des mers et dans les endroits marécageux des contrées du Nord. La femelle dépose sur un nid composé de plantes grossièrement réunies, de huit à dix œufs d'un blanc gris jaune. Leur grand diamètre est de 0m,061 à 0m,064, et le petit, de 0m,044 à 0m,046.

CANARD MILOUINAN. — ANAS MARILA.

Je me bornerai, pour ce canard et pour le suivant, à expliquer les épithètes latines qui les déterminent, et à donner quelques détails sommaires sur les habitudes de ces palmipèdes, qui se rapprochent beaucoup de celles de leurs congénères. Quant à l'expression vulgaire, j'en abandonne l'interprétation à ceux qui, plus savants que moi, pourront en entrevoir le sens. Le milouinan est caractérisé par un bec large, plat et uni. Cet oiseau habite les régions du cercle arctique ; là il se nourrit de mollusques bivalves, il capture aussi de petits poissons qu'il poursuit sous l'eau avec une rapidité remarquable. L'adjectif *marila* indique la couleur du plumage du milouinan.

Cette couleur est cendrée et striée de noir. Le croupion et la queue sont noirs, le ventre est blanc, et l'aile porte des taches de même nuance. *Marila* fait connaître la couleur dominante dans l'ensemble du plumage ; ce mot dérive du grec MARILA OU MARILÊ, signifiant « poussière de charbon, braise, cendre. » Le milouinan se trouve en grand nombre en Sibérie ; il s'y reproduit sur les bords des lacs et des mers, ainsi que dans les marais des régions boréales. La femelle pond de huit à dix œufs d'un gris olivâtre. Leur longueur est de $0^m,064$ à $0^m,066$, et le diamètre, de $0^m,042$ à $0^m,044$. Le cri du milouinan est assez caractéristique : aurait-il contribué à former le nom vulgaire de ce palmipède ? Je l'ignore. Ce canard répète assez souvent et avec force : *kouan, kouan*. En faisant précéder ce cri du mot *mil* employé si souvent en Bretagne, contrée sur les côtes de laquelle le milouinan apparaît, pendant l'hiver, par bandes innombrables, on aurait *mil-kouan*, et, avec une transformation dont nous avons trouvé tant d'exemples dans les noms vulgaires, nous aurions *milouan, milouinan*. Un de mes amis, érudit dans la langue bretonne, me propose une étymologie que je transcris ici. Telle est la force de l'habitude qu'elle m'éloigne de la résolution que j'avais prise en commençant cette notice ; d'après l'opinion de cet ami, *milouin, milouinan* pourraient être composés de deux mots : *mil*, « mille, » et *loen*, « animal, bête en général. » Dès lors cette dénomination serait une exclamation peignant la surprise des Bretons à la vue des milouins et des milouinans arrivant, pendant l'hiver, subitement et par milliers.

CANARD MILOUIN. — ANAS FERINA.

Le cri de ce canard est le même que celui du précédent. Le milouin marche très-difficilement et en se balançant d'une manière singulière. Il nage et plonge avec une grande facilité. Il vit de petits poissons, de grenouilles, de plantes, d'insectes, de racines et surtout de petits coquillages qu'il capture au fond des eaux. Une observation qui pourrait venir en aide à l'hypothèse proposée, à l'article précédent, sur le mot *milouin*, c'est que ce canard est très-défiant, qu'il se laisse difficilement approcher, et que , dans les moments d'anxiété , il pousse des cris répétés qui ressemblent au sifflement des serpents. On croirait entendre le sifflement d'une *légion de reptiles* , de *mille bêtes*.

L'épithète *ferina* donnée au canard milouin me semble prouver que les naturalistes avaient été frappés du cri de ce palmipède , qu'ils s'étaient inspirés de ce sifflement aigu pour caractériser cet oiseau. D'après Ovide , *vox ferina* signifie « voix rude , forte et désagréable. »

Le milouin se reproduit dans le nord de l'Europe ; son nid , composé d'herbes desséchées et placé au milieu des roseaux , contient de dix à quatorze œufs d'une couleur verdâtre uniforme. Le grand diamètre est de 0ᵐ,062 à 0ᵐ,064 , et le petit , de 0ᵐ,040 à 0ᵐ,042.

CANARD GARROT. — Anas clangula.

Garrot, quel nom , grand Dieu ! quel nom donné à un canard ! Cette dénomination est une de celles qui ont le plus exercé ma patience ; mais du moins j'ai la consolation que mes recherches , à cet égard (sans dire du mal des autres) , n'ont pas été entièrement infructueuses. Ah ! si les naturalistes qui les premiers ont désigné les canards et les autres oiseaux par des noms vulgaires empruntés aux habitudes de ces oiseaux , avaient indiqué le motif qui les avait dirigés dans le choix de ces dénominations , que de recherches pénibles ils eussent épargnées à leurs successeurs !

Je commence par donner quelques détails sur les différentes acceptions du mot *garrot*, et j'indiquerai ensuite la relation du sens attribué à ce substantif avec le canard qui nous occupe. *Garrot* signifie *bâton, dard, javelot, flèche*. En réalité, c'est une seule et même acception, car le dard est un bâton léger, effilé et préparé pour un but déterminé. Le *garrot*, comme *bâton*, était un moyen employé par ceux qui désiraient serrer, *ficeler* avec une grande puissance des objets quelconques ; le garrot faisait l'office d'un levier : de là le verbe *garrotter*, « lier fortement. » Garrot signifie aussi *dard*, *flèche*, objet lancé avec une grande vitesse. Ce dernier sens se trouve démontré par les vers suivants de Marot sur le cheval de Viart :

> « Grison fus Hédard
> Qui *Garrot* et dard
> Passay de vitesse. »

D'après Littré, il est très-probable que le mot *garrot*, « bâton, » et le mot *garrot*, « dard, » sont le même substantif pris avec une variété de signification, et que tous les deux auraient pour racine le provençal et le catalan *garrig*, « chêne, » arbre avec lequel on faisait les bâtons et les dards. Ménage cherche à démontrer, par une série de transformations, que *garrot* dérive de *verutum*, « dard court, aigu, » facile à lancer et par conséquent très-rapide.

Il me reste à appliquer au canard *garrot* le sens attribué à cet adjectif représentant une flèche lancée avec rapidité. Le vol de ce palmipède est bas, raide, et fait siffler l'air comme un dard projeté avec une grande force. L'épithète *clangula* constate la même particularité, et c'est pour cela qu'Aldrovande a dit : « *Clangula* ab alarum clangore quæ firmissimæ et non sine sono in volatu moventur : il est appelé *clangula* à cause du sifflement de ses ailes qui sont très-raides et qui ne sont jamais mises en mouvement sans bruit. » *Verutum*, principe de *garrot*, d'après Ménage, signifie aussi une *fusée*, un objet traversant l'air avec une grande rapidité et avec un bruit aigu. Dès lors, il n'est donc pas étonnant que dans les siècles précédents, où le mot *garrot* était d'un usage populaire pour représenter un dard, une flèche, voire même une fusée, on ait dit, en voyant le canard que je décris fendre l'air avec une grande vitesse et avec un bruit sifflant : c'est un *véritable garrot;* et ainsi l'épithète a été consacrée à ce palmipède, tout en oubliant la signification primitive de cette dénomination. Le garrot a un bec plus étroit à l'extrémité qu'à la base, caractère qui le rapproche encore de la flèche et lui sert à fendre l'air. Sa tête paraît plus grosse qu'elle ne l'est réellement, à cause de la touffe épaisse de plumes qui la recouvre. Ce canard nage et plonge avec une grande facilité ; il vit de frai de poisson, d'insectes aquatiques, de mollusques, etc.; il cherche ordinairement sa nourriture au fond de l'eau. Le garrot habite le nord des deux continents; il se reproduit au milieu des herbes situées sur les bords des lacs et des mers. La ponte est de dix à quatorze œufs d'un gris verdâtre bu olivâtre clair; ils mesurent de 0^m,034 à 0^m,036, et de 0^m,040 à 0^m,042.

CANARD MORILLON. — ANAS FULIGULA.

Ici, les difficultés étymologiques disparaissent en grande partie, et les épithètes employées pour désigner ce canard retracent d'une manière caractéristique la couleur de l'ensemble de son plumage. *Fuligula* a pour racine *fuligo, fuliginis,* signifiant vapeur noire qui s'échappe des lampes allumées, suie de cheminée, » et représente ainsi le plumage du *morillon,* plumage d'un beau noir luisant à reflets verdâtres. La dénomination vulgaire a le même sens, et a pour étymologie *more,* de l'espagnol *moro,* du latin *maurus,* désignant les habitants de la Mauritanie et, par extension, les Nègres, les *noirs.* On appelle *gris de more* la couleur grise tirant sur le noir. Donc *morillon* signifie *noir,* et représente la même idée que *fuligula.* Ce palmipède habite, pendant l'été, les régions glaciales, et, pendant l'hiver, les climats tempérés. Comme ses congénères, il niche sur les rivages des mers ou sur les bords des étangs. La femelle pond de huit à

douze œufs d'un brun gris ou verdâtre. Leur longueur est de
0^m,056 à 0^m,058, et leur diamètre, de 0^m,038 à 0^m,040. Le

morillon est très-gras en automne, et sa chaire est alors assez
estimée.

CANARD NYROCA. — ANAS LEUCOPHTHALMOS.

Le nyroca est un charmant petit canard appelé assez souvent
la *sarcelle rousse*, et, ainsi que la sarcelle, il est considéré comme
aliment maigre. D'un caractère très-vif, il se plaît au milieu des
fourrés et parmi les joncs des marais. Lorsqu'il traverse l'Anjou,
il se nourrit de frai, de vers, d'insectes, de plantes aquatiques,
de semences et de petits coquillages. Le nom vulgaire de ce
canard est emprunté à la langue russe. Gmelin l'orthographie
myroca. Quant à l'épithète *leucophthalmos*, elle est composée de
deux mots grecs : LEUCOS, « blanc, » et OPHTHALMOS, « œil. »
Cette expression indique que le nyroca a l'iris blanc, particularité assez remarquable chez les canards. Ce palmipède est
très-répandu dans les contrées orientales de l'Europe ; il est

sédentaire en, Sicile , en Crimée , etc. Chaque année , le nyroca traverse notre département ; il voyage par couples et par petites bandes , mais jamais en troupes nombreuses. La femelle établit son nid au milieu des joncs des marécages , et pond de huit à dix œufs d'un gris jaunâtre pâle et quelquefois assez foncé. Le grand diamètre varie de 0^m,052 à 0^m,054 , et le petit , de 0^m,036 à 0^m,038. Dans les envois qui m'ont été faits de la mer Noire , j'ai trouvé à différentes fois des œufs entièrement ronds.

CANARD HISTRION. — ANAS HISTRIONICA.

Les épithètes données à ce canard représentent, en français et en latin , la même idée , et sont très-caractéristiques. Elles ont pour racine le mot latin *histrio* , dérivant lui-même d'un mot étrusque signifiant « joueur de flûte , » pris dans le sens de comédien de bas étage , de saltimbanque , qui paraît aux yeux du public avec des costumes bariolés. Le plumage de ce palmipède est composé de bandes qui s'entrecoupent de la tête à la queue d'une manière parallèle , mais irrégulière. Ces bandes varient du noir violet bleuâtre au noir profond , puis au blanc , au roux , au noir velouté , au noir bleu foncé , enfin au bleu cendré et même au roux rouge. Un bleu pourpre forme un miroir sur les ailes , quand elles sont pliées. Dans leur ensemble , les différentes nuances du plumage du canard histrion semblent avoir été jetées par le pinceau d'un artiste capricieux. Ce canard habite le nord des deux continents ; on le trouve en assez grand nombre sur les bords du banc de Terre-Neuve : c'est ce qui a déterminé les marins et plusieurs naturalistes à lui donner le nom de *canard de Terre-Neuve*. Il habite aussi les côtes de l'Islande. L'histrion n'apparaît en Anjou que pendant les hivers très-rigoureux. Ce canard établit son nid dans les grandes herbes situées sur les bords des mers et des lacs. La femelle pond de huit à douze œufs d'un jaune d'ocre ou d'un blanc jaunâtre assez foncé. Quelques-uns affectent une forme ronde ; leur longueur est de 0^m,048 à 0^m,050 , et leur diamètre , de 0^m,036 à 0^m,038.

CANARD SIFFLEUR HUPPÉ. — Anas rufina.

Ce canard habite les contrées orientales de l'Europe ; on le trouve en grand nombre sur les bords de la mer Noire ; il n'apparaît que très-rarement en Anjou. Il se nourrit de vers aquatiques, de plantes, de coquillages et de petits poissons. Sa chair a un goût peu agréable, et dès lors n'est pas recherchée. Les épithètes qui servent à distinguer ce palmipède peuvent facilement se justifier. L'adjectif *siffleur* indique que ce canard fait entendre un cri de rappel très-aigu et semblable à un coup de sifflet. Quant à l'épithète *huppé*, elle rappelle que le mâle a le front et le dessus de la tête d'un rouge bai, avec l'occiput orné d'une huppe épaisse composée de plumes soyeuses. *Rufina*, dérivant de *rufus*, « roux, roussâtre, » fait connaître que l'ensemble du plumage est d'un brun noir lustré. Comme la plupart de ses congénères, le canard siffleur huppé établit son nid au milieu des herbes et des joncs des petits îlots. La femelle dépose sur une couche grossière formée de plantes desséchées six à huit œufs d'un blanc roussâtre ou verdâtre ; leur grand diamètre est de 0^m,054 à 0^m,056, et le petit de 0^m,038 à 0^m, 040.

CANARD EIDER. — Anas mollissima.

Ici se termine le Genre canard. L'eider, appelé vulgairement l'*oie à duvet du Danemark*, est l'un des plus beaux palmipèdes de l'Europe. Les dimensions de sa taille le rapprochent de l'oie sauvage. Ce canard vit de poissons, de crustacés, de mollusques bivalves, qu'il capture dans les mers les plus septentrionales de l'Europe. L'eider se reproduit en grand nombre sur les côtes de l'Islande. La femelle, dont le plumage diffère essentiellement de celui du mâle dans le temps de la nidification, compose son nid avec des plantes marines qu'elle recouvre du duvet qu'elle s'arrache sous le ventre pour réchauffer ses œufs, au nombre de cinq à six. Leur couleur est d'un gris olivâtre et quelquefois jaunâtre. Le grand diamètre varie de 0^m,076 à 0^m,084, et le petit, de 0^m, 048 à 0^m,052. C'est ce duvet soyeux et élastique que les habitants du pays s'empressent de recueillir pour le livrer ensuite au commerce qui l'emploie à faire des *édredons,* dénomination formée par corruption d'*eider* et de *don*, et signifiant *présent de l'eider* ou *produit de l'eider.* Les Islandais enlèvent non-seulement le duvet, mais encore les œufs de l'eider, afin de forcer la femelle à faire une seconde ponte qui leur procurera une nouvelle récolte. Cette deuxième couvée étant capturée, et, à la troisième ponte, la femelle n'ayant plus de duvet pour recouvrir ses œufs, le mâle se dévoue et imite la sollicitude de sa compagne. Ce duvet est encore supérieur à celui de la femelle. Les habitants veillent à ce que cette troisième couvée réussisse ; sans cette attention, les canards abandonneraient leur nid pour n'y plus revenir. L'endroit où ces oiseaux se reproduisent est une véritable propriété qui se transmet, comme les autres, par héritage. Il est défendu de tuer un eider ; cet oiseau est sous la sauvegarde des lois islandaises, et le coupable qui les enfreindrait sur ce point serait poursuivi comme voleur. La présence des canards eiders et leur reproduction sur les rivages de l'Islande étant une source de prospérité pour le pays, il est très-logique que l'autorité prenne les moyens de conserver et de développer cette richesse nationale. Enfin, le duvet de l'eider vivant étant beaucoup plus fin, plus souple, plus recherché que celui que l'on recueille sur cet oiseau après sa mort, il est de l'intérêt des Islandais de protéger les jours de ce palmipède. Aussi chaque famille travaille-t-elle à prendre toutes les dispositions possibles pour préparer des espèces de parcs sur le bord des propriétés baignées par la mer, afin d'y attirer des bandes d'eiders à l'époque de la nidification. Il me reste à expliquer les deux mots *eider* et *mollissima.* Le premier a, d'après Littré, une étymologie suédoise ou allemande, et signifie le *canard sauvage,* dans un sens général, c'est-à-dire le *canard par excellence.* Quant à l'adjectif *mollissima,* « très-souple, très-mou. » il indique la qualité supérieure du duvet fourni par ce palmipède. L'eider abandonne très-rarement le séjour des mers, et ce n'est que par de rares exceptions qu'il manifeste sa présence en Anjou, pendant les froids longs et rigoureux.

GRAND HARLE. — Mergus merganser

L'Ecriture Sainte, dont toutes les maximes sont empreintes de la sagesse divine, dit : « *Abyssus abyssum invocat,* un abîme appelle un autre abîme, à une difficulté succède une autre difficulté. » Cette sentence, si vraie quand elle s'applique aux luttes de notre cœur, aux angoisses de notre vie, se réalise aussi dans les recherches étymologiques. Après avoir combattu avec énergie pour entrevoir les racines des noms plus ou moins bizarres donnés aux canards, je me trouve en face des dénominations servant à désigner un autre Genre de palmipèdes, déterminé par le mot *harle*.

Afin d'arriver à une solution plausible de ce nouveau problème, je commencerai par expliquer les mœurs de ces oiseaux. Je cite d'abord un passage de Belon, passage sur lequel j'appelle l'atention du lecteur : « Bièvre est un moult gros oyseau de riuière et où il n'y a guère moins à manger, qu'en vne moyenne oye sauuage. Nostre vulgaire Francoys le nomme un bieure luy ayant imposé ce nom par accident , d'une beste de double vie semblablement appelé un bieure et en latin *fiber* et en grec *castor,* car comme la beste qui a quatre pieds, entrant en l'eau fait de grands degasts sur le poisson : tant ainsi c'est oyseau qui se plonge à touts propos, estat en un estâg, en fait aussi grâd déluge comme un bieure à quatre pieds. C'est de là qu'il a esté ainsi nommé. » (Livre III, page 163.)

D'après ce texte, il est évident que le bièvre est le harle, et que cet oiseau est un terrible destructeur de poissons. Les ravages qu'il exerce sont d'autant plus considérables que ce palmipède nage et plonge avec une excessive facilité ! De plus il est armé de telle sorte qu'il capture sa proie d'une manière certaine. Le bec du harle est étroit, cylindrique, déprimé à la base, garni de lamelles dentiformes semées sur les bords de la mandibule supérieure, droit et, enfin, terminé par un crochet aigu. Les poissons que cet oiseau poursuit jusqu'au fond des eaux ne peuvent échapper à ce bec dentelé, et, dès qu'ils sont saisis, ils se trouvent transpercés par une série de dents aiguës et maintenus ensuite par l'extrémité du bec qui fait l'office d'un croc. Enfin le doigt externe très-long du harle fournit à cet oiseau le moyen de virer de bord et de changer de direction , plus facilement qu'à tout autre palmipède. Il me semble que le nom donné au harle devrait rappeler la pêche terrible à laquelle se livre cet oiseau. Littré se contente de dire : « *Harle* nom populaire du mergus merganser. » C'est court , et surtout peu concluant. Dans le vieux français se trouvait un verbe, *harer ,* *harcer,* signifiant « vexer , pourchasser , » et d'où l'on a fait *harelle,* « persécution. » Je crois que de *harelle à harle* la distance est facile à franchir , et que si *harelle* exprimait la *persécution ,* l'on pourrait admettre que *harle* représente le *persécuteur.* Pris dans ce sens , le mot *harle* caractériserait énergiquement le plus terrible persécuteur des poissons , l'oiseau qui les pourchasse à la surface de l'eau ainsi qu'au fond des rivières et des mers , auquel ses victimes ne peuvent échapper et qui les brise sous des meules dentelées. Le mâle a les plumes du vertex allongées et formant une huppe courte et touffue. Celle de la femelle est composée de plumes longues et effilées retombant sur le cou. Le harle que je décris est désigné par l'adjecti *grand ,* parce que c'est celui dont la taille est la plus considérable. Ce palmipède vient en Anjou pendant l'hiver , et y apparaît même par bandes considérables lorsque le froid est rigoureux. Sa chair est très-peu estimée et a un goût très-désagréable. Aussi Belon a-t-il écrit avec raison : « Le peuple n'a bonne opinion de cest oyseau : car quand l'on en apporte au marché comme aussi des cormarats , il y a un proverbe de dire que qui voudrait festoyer le diable , il luy faudrait donner de tels oyseaux, les estimants de mauvais manger. » (Livre III , page 164.)

Le harle habite les mers glaciales du Nord ; il est appelé quelquefois le *vautour de l'Islande.* Son nom scientifique *mergus* vient de *mergo , mergere ,* « plonger , » et signifie l'*oiseau plongeur.* L'épithète merganser est composée de *mergus, merga ,* « plongeur, plongeuse, » et *anser ,* « oie, » *l'oie plongeuse.* Le mot *merga* a aussi une autre signification , et représente une *faucille,* une *faux à scier,* expression qui se justifierait très-bien par la forme du bec du harle. Cet oiseau établit son nid sur le bord des eaux , parmi les pierres ou dans les troncs des arbres creux. La femelle y dépose de dix à quatorze œufs d'un blanc verdâtre. Leur

longueur est de 0ᵐ,072 à 0ᵐ,074 , et leur diamètre , de 0ᵐ,048
à 0ᵐ,050.

Dans notre département le harle est appelé vulgairement le
hère, mot qui se rapprocherait du verbe *harer*, et viendrait en
aide à l'hypothèse que j'ai exposée. D'après Diez, *hère* dériverait de l'allemand *herr* signifiant « seigneur, » d'où *pauvre hère*,
« pauvre seigneur, misérable. » Quelques auteurs pensent que
hère a pour racine *herus*, « maître du logis. » Quoi qu'il en soit,
ces interprétations loin de contredire le sens que j'ai attribué au
mot *harle*, viennent au contraire l'appuyer. Le harle est bien un
seigneur régnant d'une manière despostique, comme il arrive
trop souvent aux véritables seigneurs , et n'épargnant nullement
la vie de ceux qui l'entourent.

HARLE HUPPÉ. — Mergus serrator.

L'épithète vulgaire servant à désigner ce palmipède indique
que sa huppe est plus caractérisée que celle du précédent. L'occiput et la nuque sont effectivement parés d'une huppe longue ,
effilée et couchée en arrière vers le cou. Quant à l'adjectif *ser-
rator* il dérive de *serratus*, « dentelé, » et rappelle que le bec
de cet oiseau est armé de lamelles figurant les dents d'une scie.
La taille du harle huppé est plus petite que celle de son congénère ; aussi tandis que celui-ci capture dés anguilles et des poissons assez gros , le harle huppé se nourrit principalement d'a-
blettes et de goujons dont il détruit d'innombrables quantités ,
sans toutefois dédaigner d'autres poissons d'une dimension plus
considérable. Comme ses congénères, il rejette en pelottes les
arêtes de ses victimes, et avale les poissons, la tête la première, pour ne pas prendre à rebours les nageoires et les
écailles.

Le harle huppé habite les contrées du cercle arctique ; il les
abandonne pendant l'hiver, et voyage en petites troupes , se
mêlant aussi aux canards. Il établit son nid sur les rivages des
mers du Nord ; la femelle pond de huit à douze œufs d'un gris
jaunâtre mesurant 0ᵐ,064 à 0ᵐ,068, et de 0,ᵐ042 à 0ᵐ,044.
Elle couve pendant plus de cinquante jours sans recevoir aucun
secours du mâle qui s'éloigne du nid durant toute l'époque de

l'incubation. La femelle est très-dévouée à ses petits ; elle les suit 'même en captivité plutôt que de les abandonner.

Le harle huppé est un très-bel oiseau ; malheureusement la magnifique nuance rose tendre répandue sur une grande partie de son plumage, s'efface après sa mort et ne peut être conservée, au grand regret des amateurs d'ornithologie. Souvent ce palmipède s'enlace dans les filets des pêcheurs , quand il plonge pour capturer sa proie, mais sa chair est très-peu agréable à manger, et , par suite , elle ne procure aucun bénéfice à ceux qui s'emparent du harle huppé.

HARLE PIETTE. — Mergus albellus.

Belon explique ainsi le nom vulgaire de ce harle beaucoup plus petit que les deux précédents : « *Piette* semble estre diminutif d'une pie. Car c'est nostre coustume de nommer beaucoup de choses du nom de pie. Comme quand nous voyons cest oyseau my-partie de noir et blanc, nous les nommons à l'exemple d'une pie , comme aussi nous disons un cheval pie. » (Livre III, page 171). *Albellus* est un diminutif d'*albus* , « blanc ; » il indi-

que que le plumage de cette espèce est plus blanc que celui des
autres, et que cette différence est un signe caractéristique. Quelques traits noirs tracés sur les ailes blanches du harle piette
représentent assez bien une croix. L'ensemble du plumage de ce
palmipède lui donne une physionomie élégante et même coquette,
d'autant plus facilement que, comme ses congénères , il est d'une
propreté recherchée et a un soin de petit-maître pour qu'aucune de ses plumes ne reste souillée par le contact de l'eau ou
détrempée de la vase et de l'écume au sein desquelles il poursuit sa proie. Le harle piette habite pendant l'été les contrées du
Nord, et pendant l'hiver il émigre vers les climats tempérés. Il
visite, chaque année, l'Anjou , en plus ou moins grand nombre
selon la rigueur de la saison.

La femelle établit son nid près des bords des lacs ou des fleuves, et dépose sur une couche grossière de plantes desséchées ,
de huit à douze œufs d'un blanc jaunâtre ou roussâtre ; leur longueur est de $0^m,042$ à $0^m,044$, et leur diamètre , de $0^m,032$ à
$0^m,034$. Quoique de taille beaucoup plus petite que celle de ses
deux congénères, le harle piette est un terrible destructeur de
poissons : il exerce sur les cours d'eau où il séjourne des razzias
complètes. Pendant l'hiver de 1864, l'un de ces oiseaux ayant
été démonté sur la Loire, près les Ponts-de-Cé, fut apporté à
Angers et offert à un propriétaire afin qu'il devînt l'ornement
d'un étang situé près de la ville. Quelques semaines après, le
propriétaire constatait à son grand regret que son étang était
entièrement dépeuplé de poissons. Sous un prétexte plus ou
moins plausible, l'oiseau fut cédé à l'un des amis du propriétaire qui reconnut bientôt qu'il avait été victime d'une plaisanterie
qu'il ne trouvait pas de bon goût ; aussi pour arrêter de nouveaux méfaits , le harle piette fut-il fusillé impitoyablement sur
le deuxième théâtre de ses déprédations. Cuvier a donné à cet
oiseau le nom de *nonnette*, expression qui, sous une forme
différente, représente la même idée que celle qui est attachée à
piette. Le costume ordinaire des religieuses est un mélange de
noir et de blanc, et enfin l'espèce de croix tracée sur le plumage de ce palmipède semble encore justifier davantage la dénomination choisie par Cuvier.

FAMILLE DES TOTIPALMES

La seconde Famille des Palmipèdes est désignée, dans la Faune de Maine-et-Loire, sous le nom de *Totipalmes*. Cette dénomination est composée de *totus*, d'où *totius* (génitif) et *toti* (datif), « tout, » et *palma*, « palme, paume. » Elle se justifie par la disposition des doigts des oiseaux groupés sous ce nom, doigts qui tous sont articulés sur le même plan et se trouvent réunis, par trois membranes, de telle manière que le pouce est lui-même uni aux autres doigts par une membrane pareille à celles qui joignent deux à deux les doigts principaux. Les totipalmes peuvent dès lors se percher et se reposer sur les arbres. Cette famille comprend un très-petit nombre d'espèces. Quatre seulement manifestent leur présence en Anjou, et l'une d'elles n'y est apparue qu'une fois et dans des conditions exceptionnelles. Les totipalmes sont voyageurs, et presque chaque jour, comme les nomades, ils se transportent dans de nouvelles contrées. Ils ne vivent que de poissons dont ils capturent des quantités considérables.

GRAND CORMORAN. — CARBO CORMORANUS.

La queue du cormoran est, comme celle du pic-vert, mon client privilégié, composée de pennes raides sur lesquelles il peut s'appuyer et se reposer dans une position presque toujours verticale, position qu'il conserve longtemps de suite et qui lui donne une physionomie ridicule. Dans la disposition des pennes de ce palmipède il est facile cependant de reconnaître une attention bien vive de la Providence de Dieu qui a donné au cormoran un moyen puissant de se procurer sa nourriture.

Ce palmipède vit de poissons et surtout d'anguilles qu'il poursuit dans les profondeurs des rivières, en plongeant un certain nombre de fois sans aucun relâche. Quand il a capturé une anguille, il la jette en l'air, et, dès qu'il est sur le rivage, la reçoit la tête la première avec une adresse remarquable. C'est alors qu'afin de pouvoir recommencer sa chasse et diminuer le

poids de ses plumes mouillées et rendues pesantes par le contact
réitéré de l'eau , il se dirige vers un endroit isolé , s'appuie sur
les pennes de sa queue, le corps debout, les ailes étendues ,
jusqu'à ce que son plumage soit séché par le contact de l'air.
Plusieurs fois il m'a été donné de considérer des cormorans dans
cette position lorsqu'ils se perchaient sur les échelons des
poteaux qui indiquent à la navigation les sinuosités du cours de
la Maine. Depuis bien des siècles les Chinois emploient les cormorans à la pêche. Autrefois on l'utilisait aussi en France ; il
suffit de deux mois au plus d'éducation pour les dresser à une
pêche très-avantageuse à leur maître. Afin de capturer plus facilement les poissons, le cormoran nage très-bien le corps entière-

ment caché dans l'eau. Le plumage de ce palmipède est d'un
noir foncé ; cette couleur explique le nom qui sert à le désigner.
D'après Bouillet, *cormoran* serait une abréviation des mots ita-
liens, *corvo* « corbeau, » et *marino,* «marin, » et signifierait
corbeau des mers. M. Littré rejette cette étymologie assez plausible cependant, et dit : « Vu la provenance du mot *cormoran*
qui paraît originaire des côtes de l'Océan, les savants y recon-
naissent une formation pléonastique et hybride de *cor* pour *corb*,

« corbeau, » et du bas-breton môrvran composé de *mor*, « mer,» et de *bran*, « corbeau. » La signification reste la même, mais l'étymologie est moins directe. L'adjectif *grand* indique que la taille de ce cormoran surpasse celle de ses congénères. Quant à l'expression *carbo*, « charbon, » elle fait connaître la couleur du plumage de ce palmipède comparée à celle du charbon. Cette couleur subit cependant quelque petite modification à l'époque du printemps. « Dans le temps de la nidification le mâle adulte porte à l'occiput une huppe fuyante : de légers filets de duvet blanc argentent sa chevelure et la partie supérieure de son cou, noires comme le reste du manteau et lui donnent un faux air d'un vieillard coiffé d'une perruque à frimas. Cette parure ridicule est sa parure de noces, elle tombe à la mue d'été et l'oiseau redevient noir. « (Toussenel, *Ornithologie passionnelle,* 1ʳᵉ partie, page 250.)

Le cormoran se reproduit sur les rivages des mers du Nord et même sur les côtes de la France. Il confie son nid aux arbres des hautes falaises de Dieppe et de Biarritz. Ce nid, très-large et très-épais, est formé d'une coupe d'herbes marines reposant sur un lit de petites bûchettes et de racines. Quelquefois il est placé sur une touffe de grands roseaux ; il contient de quatre à six œufs allongés. Leur coquille est d'un bleu verdâtre recouvert d'une matière crétacée blanchâtre et parsemée de petites aspérités. Ils mesurent de 0ᵐ,062 à 0ᵐ,066, et de 0ᵐ,040 à 0ᵐ,042. Le cormoran se défend avec un grand courage, et pince cruellement lorsqu'on veut le saisir. L'odeur de sa chair est désagréable ; cette odeur s'attache à la dépouille de l'oiseau longtemps après qu'il a été empaillé.

La Fontaine attribue à ce palmipède une prévoyance des plus intelligentes, et a exprimé cette opinion dans la fable quatrième de son dixième livre.

CORMORAN HUPPÉ ou LARGUP. — CARBO CRISTATUS.

Les deux épithètes *huppé* et *cristatus* indiquent que ce cormoran porte une espèce de huppe. Cette huppe est formée par les plumes médianes du vertex, lesquelles sont allongées et composent ainsi une apparence de toupet qui peut se relever et se dresser en forme de huppe irrégulière. Quant à l'expression vulgaire *largup*, j'ignore ce qu'elle signifie, à moins qu'elle ne soit une forme défigurée du mot *largue*, « haute mer. » Dans ce cas, elle signifierait, ce qui est vrai, que le cormoran huppé se tient plus loin des côtes que son congénère, et qu'il se plaît à habiter la haute mer. Peut-être aussi cette dénomination serait-elle une contraction irrégulière des mots *large* et *huppe*, indiquant le signe distinctif de ce cormoran. Le largup se reproduit dans les crevasses des rochers situés dans les îles de la Méditerranée et dans les îlots déserts des côtes de la France, qui s'étendent de Dunkerque à Bayonne. La femelle pond, sur un nid composé de plantes marines, trois ou quatre œufs ayant la forme d'une olive et la même couleur que ceux de l'espèce précédente. Leur grand diamètre est de 0^m,056 à 0^m,060, et le petit, de 0^m,036 à 0^m,038.

PETITE FRÉGATE NOIRE. — TACHYPETES, AQUILA MINOR.

Les naturalistes qui liront ce travail seront étonnés de voir classé dans la Faune de Maine-et-Loire un oiseau que l'on admet avec réserve même dans l'ornithologie européenne. Si j'ai inscrit dans ces études la petite frégate, c'est pour conserver le souvenir de sa présence en Anjou. Vers la fin du mois d'octobre 1852, une frégate fatiguée par une course longue et rapide, qu'augmentait encore la tourmente sévissant sur la mer, brisa une des pennes de sa queue et une grande remige de ses ailes. Ne pouvant plus, dès lors, continuer son vol, elle vint tomber sur les rives de la Loire, près Saumur. Un pêcheur de Dampierre s'en empara, et croyant, dans son ignorance naïve, que cet oiseau était une pie étrangère, essaya de la nourrir avec du pain. La frégate refusant une nourriture si peu en harmonie avec ses habitudes, intrigua le pêcheur, qui la porta à M. Courtillier, directeur du Musée de Saumur. Elle succomba au bout de quelques heures, tuée par la fatigue d'une course irrégulière et par un trop long jeûne. Empaillée par M. Courtillier, elle fait maintenant partie de la collection ornithologique de la ville de Saumur. Cet oiseau habite ordinairement entre les tropiques ; il manifeste assez souvent sa présence dans la rade de Rio-de-Janeiro, capitale du Brésil ; là, il vient manger les immondices que la mer y jette. Les marins le rencontrent dans la plus grande partie de l'Océanie, sur les rivages de l'Amérique, et même sur ceux de l'Afrique.

Le mot *frégate,* qui désigne ce palmipède, dérive du catalan *fragata,* venant lui-même du grec APHRACTA, « sans pont, » composé de A, « non, » et PHRAGMA, « clôture, haie, rempart, » et servant à nommer une espèce de vaisseau plus léger, plus rapide que les autres. Quelques auteurs pensent que le véritable principe de *frégate* est *fabricata,* « chose fabriquée, bâtiment. » Les naturalistes ont trouvé une relation assez sensible entre le bâtiment bon voilier et l'oiseau qui, dans ses évolutions gracieuses et faciles à travers les airs, semble s'y jouer comme le navire fait sur l'Océan. Le vol de la frégate dépasse en vitesse celui de tous les autres oiseaux. Ce palmipède parcourt chaque jour, selon les circonstances, plusieurs centaines de kilomètres, et, selon l'expression de Michelet, « il déjeûne au Sénégal et dîne en Amérique. » (*L'Oiseau,* page 49.) L'épithète *petite* fait connaître que cette espèce est la plus petite des oiseaux de ce Genre. L'adjectif *noire* indique la couleur uniforme de son plumage. *Tachypetes* est formé des mots TACHYS , « vite , rapide , » et PETONAÏ , « voler , » et représente , par conséquent , la puissante vélocité des ailes. *Aquila ,* « aigle , » prouve que la frégate se rapproche du roi des rapaces , non — seulement par son vol rapide , mais encore par ses déprédations. Ce palmipède capture les poissons qui viennent à la surface de l'eau et ceux qui sont à de petites profondeurs. Si la frégate pénétrait plus avant dans l'eau , elle mouillerait ses ailes , qui ont au moins trois mètres d'envergure , et elle ne pourrait plus reprendre son vol. Quelquefois même elle devient la victime des poissons : lorsqu'elle plonge profondément , son corps trop petit n'a plus la puissance suffisante pour supporter le poids de ses pennes détrempées par les flots ; elle s'agite à la surface de la mer , et disparaît bientôt dans son sein.

La frégate attaque les pélicans , les fous , les mouettes , et , en les frappant sur la tête , les force à dégorger les poissons que ces oiseaux avaient capturés , et dont à son tour elle fait sa proie. C'est cette habitude qui a fait donner par tous les marins à la frégate le nom de *guerrier*. Les Anglais l'appellent aussi *The man of war bird* , « l'homme de guerre oiseau , l'oiseau homme de guerre. » Peut-être est-ce cette pensée qui a déterminé les savants à donner à la frégate le nom de TACHYPETES , en souvenir d'Achille , le guerrier par excellence. Cependant , le nom de *forban* , de *pirate ,* lui conviendrait beaucoup mieux que le noble adjectif *guerrier*. Cet oiseau vit de vols accomplis avec une audace que rien ne peut déconcerter. « La frégate , » dit Michelet , « poursuit le fou , excellent pêcheur , le frappe du bec sur le cou , lui fait rendre gorge. Tout cela se passe dans l'air ; avant que le poisson ne tombe , elle le happe au passage. »

Si cette ressource lui manque , elle ne craint pas d'attaquer l'homme : « En débarquant à l'Ascension , » dit un voyageur , « nous fûmes assaillis par les frégates. L'une d'elles voulut m'arracher un poisson de la main même. D'autres voltigeaient sur la chaudière où cuisait la viande pour l'enlever , sans tenir compte des matelots qui étaient autour. » (*L'Oiseau* , page 52.)

Dès que la frégate a fait son repas , ou par son industrie ou par celle des autres , elle se tient immobile sur une pointe de rocher ou sur un arbre ; là , elle reste dans cette position jusqu'à ce que la digestion soit faite, et ensuite elle recommence sa pêche.

Cet oiseau ne se reproduit que dans des endroits très-solitaires et toujours sur les rochers les plus élevés. M. Jules Verreaux a trouvé un nid de frégate dans l'île Tristan d'Acunha, île principale d'un groupe de l'Océan Atlantique, découvert en 1506 par le capitaine portugais Tristan d'Acunha. Cette île a quarante kilomètres de tour, et est habitée depuis 1816 par quelques familles anglaises. Elle est remarquable par son pic, élevé de 2,400 mètres au-dessus du niveau de la mer ; elle ne possède que cent hectares de terres susceptibles de culture. C'est sur l'un des rochers les plus hauts de cette île que M. Jules Verreaux trouva un nid de frégate. Ce nid, composé de quelques brins d'herbes grossières posées sur l'extrémité du rocher, renfermait deux œufs d'un blanc pur, assez gros, et dont la coquille était moins crayeuse que celle des œufs de fou et de cormoran.

FOU BLANC ou DE BASSAN. — Sula alba.

J'inscris ici un palmipède qui non-seulement a visité notre département à plusieurs reprises, mais encore y a été tué à différentes époques. Peut-être, comme classification régulière, sa place serait-elle ailleurs ? Cette question étant controversée par les naturalistes, je ne la résous pas, et je me borne à faire connaître les noms de cet oiseau et à montrer leurs rapports avec ses habitudes. Le fou est un palmipède de grande et de forte taille. Il se tient ordinairement en pleine mer, suivant les bancs de harengs, dont il capture de grandes quantités. C'est lorsque ce poisson s'approche des côtes que nous voyons apparaître les fous. Quelquefois aussi ces oiseaux y sont poussés par la tempête, contre laquelle ils ne luttent que très-faiblement, et cette excessive nonchalance, qui souvent leur coûte la vie, ne serait-elle pas un des motifs qui leur ont fait donner le nom de *fous ?* Car ne pas user des moyens que l'on a pour éviter la mort, est un acte voisin de la folie.

Ces palmipèdes sont d'une telle voracité, que souvent ils sont forcés de vomir une partie de la nourriture qu'ils ont prise. Comme le boa, le fou est condamné, après ses repas trop abondants, à un sommeil profond et d'une assez longue durée, pendant lequel il flotte au gré des vagues, sans sortir de cette espèce de léthargie, lors même que les bateaux de pêcheurs passent sur son corps. Serait-ce à cette habitude que le fou doit le nom de *sula*, qui me semble dériver de SULÊ, « dépouille, » et indiquer que cet oiseau est ballotté comme une dépouille, comme un cadavre, sans ressentir le choc qui aurait dû le réveiller? Cette racine est d'autant plus vraisemblable que SULÊ fait en dorien SULA. Les fous sont armés d'un bec à bords rentrants et dentelés; ils fondent sur leur proie du haut des airs, la tête en avant et les ailes à demi-fermées. C'est lorsqu'ils se relèvent après avoir capturé les poissons que les stercoraires, les frégates se précipitent sur ces oiseaux, et les forcent à coups de bec à lâcher le fruit de leur pêche, dont les ravisseurs se saisissent avant qu'il ne soit retombé dans la mer. Le *fou* étant de taille à combattre ses adversaires, et même, avec un peu d'énergie, à les vaincre, est donc encore nommé ainsi à juste titre, puisqu'il travaille pour les autres malgré lui et sans défendre le fruit de ses labeurs. Pendant que le fou se livre à la pêche de la manière que j'ai indiquée ci-dessus, cet oiseau pousse un cri répété et sinistre assez semblable à celui du corbeau. Quant à l'adjectif *alba*, « blanche, » il indique la couleur du plumage, couleur qui distingue ce fou de celle des autres espèces de son genre. La dénomination de *Bassan* fait connaître que le fou blanc se montre souvent sur les côtes de la petite île de Bassan, située dans le golfe d'Édimbourg. Ce palmipède établit son nid dans les anfractuosités des rochers. La femelle pond deux œufs d'un blanc nuancé de verdâtre, dont la surface est rude et semble couverte d'un enduit crayeux inégalement étendu sur l'œuf. Quelques parties de la coquille paraissent revêtues de plusieurs couches superposées, tandis que d'autres n'offrent qu'une légère couche de cet enduit. Ils mesurent de 0^m,070 à 0^m,074, et de 0^m,048 à 0,050.

FAMILLE DES LONGIPENNES.

La troisième Famille des Palmipèdes est désignée dans la Faune de Maine-et-Loire sous le nom de *Longipennes*, formé de *longus*, *longa*, « long, longue, » et *penna*, « penne. » Cette expression indique que les oiseaux qu'elle détermine ont les plumes principales, les *pennes*, plus longues que celles des autres oiseaux, et que, dès lors, ils sont constitués pour entreprendre de longs voyages ; aussi visitent ils tour-à-tour des climats bien différents et bien éloignés. Cuvier les appelle avec raison *grands voiliers*, et, sous ce point de vue, la petite frégate que je viens de décrire, devrait appartenir à cette Famille. Les Longipennes se nourrissent principalement de petits poissons, de vers et d'insectes aquatiques.

PÉTREL, OISEAU DES TEMPÊTES. — THALASSIDROMA PELAGICA.

La Famille des Longipennes commence par un oiseau légendaire ; bien des préjugés se groupent autour de son nom et en font un être fantastique. J'expliquerai fort simplement les habitudes du pétrel, et dans cet exposé, je trouverai facilement l'étymologie des différents noms qui lui ont été donnés. Le thalassidrome vit principalement d'insectes aquatiques, de petits mollusques brisés, de frai de poisson. Oiseau semi-nocturne, il n'apparaît sur les rivages de la mer qu'au moment du crépuscule ; son plumage d'un noir fumeux lui donne, à la chute du jour et au commencement des ténèbres de la nuit, la figure d'un être de mauvais augure. Quand la mer est agitée, quand surtout la tempête se déchaîne avec furie, les pétrels sortent de leur retraite, même pendant le jour ; ils se réunissent alors en bandes nombreuses, suivent les vaisseaux, qui, en traçant un profond sillon dans les vagues amoncelées, rejettent à la surface de la mer des myriades d'insectes et de mollusques brisés. Préservés par l'arrière du navire contre la violence du vent, les thalassidromes volent avec une grande facilité en rasant la surface de la mer et en appuyant de temps en temps leurs pieds palmés sur les flots, avec lesquels ils s'élèvent et s'abaissent tour-à-tour. De là le nom de pétrel, dérivé de *Petrus*, « Pierre, » nom par lequel on a voulu les assimiler au chef des Apôtres marchant sur les eaux à la voix de son divin Maître. La dénomination d'*oiseau de tempête* se justifie par l'habitude du pétrel, qui ne se montre en pleine mer que lorsque la tempête exerce ses ravages ; alors, plus l'ouragan se déchaîne avec fureur, plus les pétrels se montrent nombreux. Les marins, voyant donc ce petit oiseau manifester tout-à-coup sa présence au moment où les flots entraient en fureur, se demandèrent : D'où venait-il ? Pourquoi le nombre des pétrels augmentait-il avec la violence de la tempête ? Pourquoi le calme et le soleil le faisaient-ils disparaître ? Dès lors, ils ont vu dans le pétrel un émissaire de l'enfer, un messager de la mort semblant venir désigner au naufrage le vaisseau dont il suivait la marche. Aussi son apparition jetait-elle une tristesse sinistre dans l'âme des matelots. *Thalassidroma* est composé de THALASSÉ, « mer, » et DROMOS, « course,» et signifie l'oiseau qui court, qui marche sur la mer, et, sous une autre forme, cette expression représente la même idée que le mot *pétrel*. *Pelagica* vient de PELAGOS, « mer, » PELAGIOS, « marin, » et indique que cet oiseau est associé à la vie, à la lutte de la mer. Souvent on l'appelle *procellaria*, « oiseau de tempête. » Le bec du pétrel est comprimé et crochu comme celui des vautours, caractère qui attache encore à son nom et à sa présence une idée peu sympathique. Cette espèce est très-friande de petits cadavres de poissons qu'elle capture quand la mer, vivement agitée, les rejette à sa surface. Assez souvent, lorsque les pétrels s'éloignent trop du rivage et s'aventurent au loin, ils se trouvent impuissants à lutter contre la tempête, et, brisés contre les flancs du navire, leurs cadavres sont poussés sur les rivages. Quelquefois aussi ils sont emportés par les ouragans et lancés bien loin au milieu des terres, où on les prend à la main, lorsqu'ils sont incapables d'aucun mouvement.

Plusieurs fois, un certain nombre de pétrels, ne pouvant résister à la violence du vent, ont été entraînés par la tempête jusqu'à la gare du chemin de fer d'Angers, où ils sont venus se briser contre les murs. Le pétrel se reproduit dans les trous des rochers sur les rivages de la Bretagne et sur ceux de la Méditerranée. La femelle ne pond qu'un seul œuf presque rond , d'un blanc mat , et dont le gros bout est strié de petits points rougeâtres formant une espèce de couronne. Nous reconnaissons encore dans cette particularité l'action de la Providence ; car si le pétrel avait un certain nombre de petits à nourrir en même temps , il serait dans l'impossibilité de leur procurer une subsistance suffisante , condamné qu'il est à la chercher bien loin des rochers auxquels il a confié son nid. La multiplicité de courses longues et pénibles rendrait l'éducation des petits entièrement impossible. Dieu a fait disparaître cet inconvénient en donnant à la femelle du pétrel une fécondité successive ; elle fait un certain nombre de couvées , mais dans lesquelles elle n'a jamais qu'un seul petit à nourrir. Si l'on admet comme vrai le rapport de Flinders , qui prétend que l'on a constaté le vol de troupes de pétrels , composées de plusieurs millions d'individus , l'on serait porté à croire que le nombre des couvées du procellaria doit être assez considérable.

M. Loche a trouvé des œufs de ce pétrel depuis le mois de mai jusqu'à la fin de septembre. La femelle du thalassidrome défend son nid en lançant sur le dénicheur une matière huileuse et fétide , qui suinte de ses narines. Cette matière produit dans les yeux de ceux qui en sont atteints un effet terrible, et quelquefois elle occasionne la mort. La femelle nourrit son petit avec de l'huile de poisson, qu'elle lui dégorge dans le bec. Le grand diamètre de l'œuf varie de $0^m,026$ à $0^m,028$, et le petit, de $0^m,020$ à $0^m,022$.

La chair de ce pétrel est tellement huileuse que , d'après Brunnich , les habitants de l'île Feroë s'en servent comme de chandelles , après avoir introduit une mèche dans toute la longueur du corps de l'oiseau. L'automne est l'époque de l'année la plus favorable pour capturer dans toute la plénitude de leur graisse les pétrels qui doivent fournir ce mode d'éclairage.

PÉTREL DE LEACH. — PROCELLARIA LEACKII.

Ce pétrel a les mêmes habitudes que le précédent; comme son congénère , il est regardé par les marins d'une manière peu sympathique. Ils pensent qu'il est un émissaire de l'enfer ; aussi l'appellent-ils l'*épouvantail* , le *satanite.* Lorsque des bandes nombreuses de ces pétrels se réunissent derrière les vaisseaux pendant la tempête , les matelots pensent que ces oiseaux , non-seulement prédisent le naufrage, mais qu'ils ne sont que les âmes des anciennes victimes de l'ouragan , appelant dans leurs rangs de nouvelles compagnes , de nouvelles sœurs. Ces légendes se diversifient beaucoup , et on peut en recueillir un très-grand nombre parmi les Hollandais, qui, naviguant avec toute leur famille , sont plus enclins que les autres marins , aux mille préoccupations enfantées par l'imagination , et aussi par la vie agitée de la mer. Le caractère principal qui sert à distinguer le pétrel de Leach de son congénère , c'est la longueur de ses tarses , qui sont beaucoup plus élevés. Ce pétrel porte le nom d'un savant anglais , auteur de plusieurs ouvrages d'histoire naturelle. Beaucoup plus rare dans nos contrées que le pétrel ordinaire , il habite surtout les rivages de Terre-Neuve et les Orcades. La femelle pond dans les trous des rochers un seul œuf blanc et oblong , parsemé à l'une des extrémités de petits points rougeâtres en forme de couronne. Le grand diamètre est de $0^m,033$ à $0^m,035$, et le petit , de $0^m,013$ à $0^m,014$.

La femelle a recours au même moyen que la précédente pour défendre son œuf ou son petit , et, en éternuant d'une manière très-accentuée , elle lance dans les yeux de l'imprudent dénicheur une liqueur tellement fétide et mordante , qu'elle le force à lâcher la corde à laquelle il se suspendait le long des rochers , et souvent à tomber brisé au pied de ces mêmes rochers. Le pétrel de Leach est vulgairement appelé *cul-blanc ;* cette expression , qui sert à le distinguer de son congénère , rappelle que chez cet oiseau quelques-unes des plumes latérales du bas-ventre et des premières sous-caudales latérales sont blanches ou en partie blanches sur les barbes externes.

STERCORAIRE POMARIN. — Lestris pomarinus.

Le récit sommaire des mœurs des *Stercoraires* nous viendra puissamment en aide pour comprendre la signification attachée à leurs noms. Les stercoraires habitent ordinairement l'Océan Atlantique septentrional, les rivages de l'Islande et ceux du banc de Terre-Neuve. Ils manifestent leur présence sur presque toutes les mers ; ils apparaissent de temps en temps en Anjou , et j'ai pu les étudier sur le cours de la Maine , près du rocher de la Baumette. Les stercoraires sont armés d'un bec robuste terminé par un onglet crochu. Leur doigt médian est dentelé comme une scie et leur sert avantageusement à maintenir la proie qu'ils ont capturée. Leur vol est tour-à-tour lent et ra-pide, selon les circonstances ; le vent le plus violent est impuis-sant à en contrarier la direction. Querelleurs , voraces , hardis et fainéants , ces oiseaux vivent principalement de poissons et quelquefois de mollusques , d'œufs et de jeunes oiseaux. Pour se procurer une abondante nourriture sans se livrer à un travail pénible , ils poursuivent les mouettes , les fous , les cormorans , lorsque ces oiseaux se livrent à la pêche, puis se précipitent sur eux avec une excessive rapidité , et , d'un coup de bec vi-goureux , ils les forcent à dégorger leur proie que les sterco-raires saisissent avec adresse avant qu'elle ne soit tombée dans l'eau. Cette habitude leur a fait donner le nom de *stercoraire,* de *stercus.* « fiente, » parce que l'on a cru longtemps que ces oiseaux poursuivaient les mouettes , les cormorans , etc., pour recueillir la fiente qu'ils lâchaient en volant ; l'erreur était d'au-tant plus plausible que très-souvent les mouettes , les cormorans rejettent leur proie lorsqu'elle est déjà triturée dans leur estomac et qu'elle se manifeste alors sous une apparence de corruption. Les coups de bec du stercoraire réitérés et puissants sur le der-rière et sur la tête des oiseaux qu'il poursuit, déterminent en eux une espèce de vomissement plus ou moins abondant. Le mot *lestris* rappelle sous une forme plus énergique encore la conduite du stercoraire. *Lestris* dérive du grec LÊSTRIS, « femme de pirate, » qui se rattache à LÊSTÊS, « ravisseur , brigand, pirate. » Cette expression est très-caractéristique , car le stercoraire est un véritable ravisseur, et si les fous, les cormorans lui abandonnent le prix de leur travail souvent pénible, ils ne font cette concession qu'à regret, imitant en cela ceux qui livrent leur bourse pour conserver leur vie. Quant à l'adjectif *pomarin, pomarinus*, je n'en comprends nullement la signification. Peut-être ces expressions ne sont-elles qu'une corruption de *pen-marin*, mot par lequel le stercoraire est connu sur les côtes de la Bretagne et de l'Angleterre. *Pen-marin* est composé de *pen*, signifiant en breton « chef, tête. » Dès lors *pen-marin* représenterait très-bien l'idée que l'on doit avoir du stercoraire qui règne sur les mers par ses rapines, ses violences et son brigandage. Dans les nouveaux traités d'ornithologie, le stercoraire est souvent appelé *labbe*, dérivant peut-être de LABÔ, ÉLABON, aoriste second de LAMBANÔ, verbe dont l'un des sens est « saisir, surprendre à l'improviste. » Enfin, *cataracte*, autre dénomination du stercoraire, est formée de CATA, « en bas, » et RASSÔ, briser, renverser, tomber avec fracas, » et peut indiquer deux sens différents, ou que cet oiseau se précipite avec fracas sur ceux qu'il poursuit, ou qu'il se jette avec rapidité et avec bruit sur la proie qu'il contraint ses adversaires, ou plutôt ses victimes, à lâcher. Mais peut-être la véritable étymologie du mot *labbe* est-elle *labes*, dont les acceptions variées conviennent parfaitement au stercoraire et retracent d'une manière énergique les méfaits ignobles et la vie de ce coupable. *Labes* signifie « fléau, être funeste et infâme, tache, souillure, attaque subite, etc. » Tous les différents sens du mot *labes* s'appliquent aux mœurs du stercoraire, comme le prouve le résumé que je viens de tracer des habitudes de ce palmipède. Les stercoraires ne souffrent aucun autre oiseau de leur espèce à chasser dans leur voisinage ; ils veulent être, dans l'arrondissement où ils séjournent momentanément, de véritables *pens-marins*. Ils attaquent même les animaux et les hommes. D'après Graba, cité par M. Gerbe (*Ornithologie européenne*, tome II, p. 394), « les habitants de Feroë qui vont à la recherche des œufs du labbe cataracte, se munissent de couteaux qu'ils tiennent sur leur bonnet, la pointe en l'air, pour ne pas être blessés par les assauts impétueux que leur livrent les possesseurs des nids. »

Le stercoraire pomarin niche dans les rochers les plus escarpés du bord de la mer; la femelle dépose sur quelques brins d'herbes, ou sur les débris de mousse réunis grossièrement, deux ou trois œufs d'un brun olivâtre foncé et quelquefois d'un brun jaunâtre. Leur coquille est parsemée de taches d'un gris noirâtre ou d'un brun noir, entremêlées de quelques points de même couleur. Ils mesurent de 0^m,058 à 0^m,060, et de 0^m,040 à 0^m,042.

STERCORAIRE RICHARDSON ou PARASITE. —
STERCORARIUS RICHARDSONII vel PARASITICUS.

Le stercoraire Richardson a les mêmes habitudes que le précédent; il porte le nom de l'auteur de la Faune boréale américaine, imprimée à Londres en 1831. C'est cet auteur qui a décrit avec beaucoup d'exactitude le stercoraire des mers boréales de l'Europe, de l'Asie et de l'Amérique. Le Richardson est très-nombreux sur les côtes du Groënland; c'est là qu'il se livre avec une audace infatigable et avec une énergie dévorante à toute espèce de déprédations. La série incessante de ses méfaits justifie le nom de *parasite* qui lui a été donné. Cette expression est formée de PARA, « auprès, » et SITOS, « grain de blé, aliment; » elle représentait, chez les Grecs, *celui qui vit aux dépens des autres*, qui fait métier de s'asseoir à une table étrangère, et à plus forte raison celui qui n'y est *pas invité* et qui même vient y prendre part malgré le maître de la maison. Dans ce sens rigoureux, les stercoraires sont de vrais parasites, et des parasites de la pire espèce. Autrefois on appelait *parasites* les ministres préposés au service des temples des faux dieux et chargés de recevoir le blé, les présents destinés aux frais du culte; ces prêtres vivaient aux dépens des adorateurs de ces fausses divinités, et chaque idole avait à son service un nombre plus ou moins considérable de parasites, selon le renom de puissance dont jouissaient ces divinités et qui attirait dès lors plus ou moins d'adorateurs, plus ou moins de présents. Le Richardson apparaît très-rarement en Anjou, et seulement pendant les hivers rigoureux. Il niche dans

les cavités des rochers situés sur les bords des mers glaciales
ou dans les îlots isolés au milieu des vastes marais. Sur une
couche de brins d'herbes et de mousse la femelle pond deux ou
trois œufs d'un brun jaunâtre ou d'un gris foncé , striés de
taches semées d'une manière irrégulière et dont la couleur varie
du brun au noir. Des points en plus grand nombre que dans
l'espèce précédente sont répandus sur la coquille. La longueur
de ces œufs est de 0^m,058 à 0^m,060 , et le diamètre , de 0^m,040
à 0^m,042.

STERCORAIRE LONGICAUDE. — Stercorarius
LONGICAUDA.

Plus petit que les stercoraires décrits précédemment , le longicaude fréquente les rivages du Groenland , le Spitzberg et les
mers du cercle arctique. Une seule fois sa présence a été cons-
tatée dans notre département. L'adjectif *longicaude* est formé de
longus, *longa* , « long , longue , » et *cauda*, « queue ; » il indique une particularité remarquable du plumage de cet oiseau.
Les deux rectrices, d'abord larges à leur base et même jusqu'à
l'extrémité des latérales , deviennent ensuite très-étroites , pour
se terminer en fer de lance et dépasser les latérales de seize à
vingt-deux et même vingt-quatre centimètres. Ce caractère
n'existe que chez les adultes. Les stercoraires ne vivent pas exclusivement du fruit de la pêche des autres oiseaux , et , quand
leurs fournisseurs manquent , ils capturent eux-mêmes les poissons. Le longicaude est très-friand de harengs qui pullulent dans
les régions où il séjourne ordinairement. Aussi les pêcheurs le
protégent-ils , et évitent-ils tout ce qui pourrait l'effrayer et par-
là même l'éloigner. Sa présence indique aux pêcheurs les bancs
de harengs , et c'est pour ces intrépides marins un éclaireur qui
ne se trompe jamais. Le stercoraire longicaude aime , comme ses
congénères , à dormir sur la mer et à se laisser bercer au gré
des flots. Ce palmipède niche sur les rochers ou sur les monticules de sable. La femelle réunit quelques débris de graminées
sur lesquels elle dépose deux ou trois œufs ayant les mêmes

nuances que ceux des espèces précédentes, mais dont les dimensions sont plus petites. La longueur est de 0ᵐ,054 à 0,ᵐ056 ; et
le diamètre, de 0ᵐ,036 à 0ᵐ,038.

GOELAND A MANTEAU NOIR. — Larus marinus.

Trois espèces de goëlands visitent notre département, surtout
quand des tempêtes longues et terribles se déchaînent sur
l'Océan. Dans les temps ordinaires, ces oiseaux n'abandonnent
guère le rivage de la mer, et se tiennent à une certaine distance des côtes. Lorsqu'ils se dirigent vers la terre, ils annon-
cent aux matelots l'approche de la tourmente, et leur indique
qu'il est temps de rentrer au port. Aussi, dans les différentes
parties de l'Angleterre, a-t-on promulgué des arrêtés inter-
disant la chasse des goëlands ; à l'île de Man en particulier,
ces oiseaux sont placés sous la sauvegarde des lois, à cause
des nombreux services qu'ils rendent. On a même défendu de
tirer le canon en cas de détresse, pour ne pas éloigner les goëlands des côtes sur lesquelles les vagues en furie viennent se
briser. (*Bulletin de la Société protectrice des animaux*, fév. 1869,
page 104). Lorsque d'épais brouillards couvrent la mer comme
d'un linceul de mort, et que la tempête mugit avec fracas, les
marins ne peuvent entendre aucun signal, apercevoir aucun feu

des phares, mais ils voient les goëlands se balancer près des
flancs des navires, ils les entendent pousser leur cri plaintif et
les diriger ainsi vers la terre en leur indiquant la proximité des
côtes. Ces oiseaux font disparaître sur les rivages les cadavres
en putréfaction, les détritus des poissons, et, par leur présence, montrent aux marins les endroits où ils trouveront une
pêche abondante. En tout temps les goëlands poussent, en se
jouant avec grâce dans les airs, un cri plaintif et répété; mais
quand la tempête approche, ce cri revêt un caractère plus
accentué, et a quelque chose de lugubre et de sinistre. C'est à
ce cri que, selon quelques auteurs, il devrait son nom, dérivant du bas-breton, *gwelan*, dont la racine probable est *gwela*,
« pleur, gémissement. » Roussel prétend que *gwelan* est formé
de *gwaz*, « oie, » et de *len*, « mer, » et signifie *oie de mer*. Je
préfère la première des deux étymologies, comme représentant
une habitude caractéristique des goëlands; d'autant plus que
lorsque ces oiseaux sont affamés, ils aboient comme des chiens.
Les mots à *manteau noir* indiquent que l'ensemble des plumes
extérieures des ailes et du dos est de cette couleur. Quant à
l'expression *larus*, elle dérive de LARON, LAROS, « mouette,
oiseau de mer, » qui a pour racine LAROS, « aimable, charmant. » Ce dernier sens se justifie par la grâce et l'élégance que
déploient les goëlands en nageant, par leur marche rapide et
légère lorsqu'ils sont à terre, par la propreté recherchée que présente toujours leur plumage, par l'élégant capuchon qui couvre
leur vertex, leur occiput, la nuque et même leurs joues dès le mois
de janvier, et qui est un bel ornement préparé pour le temps
des noces. Enfin, les goëlands sont sociables, vivent en troupes,
s'apprivoisent facilement : ceux qui sont au Jardin des Plantes
d'Angers courent, d'une manière très-gracieuse, après les promeneurs, pour réclamer quelque présent, et c'est alors qu'ils re-
çoivent dans leur bec, avec une excessive adresse, le pain, les
biscuits, les débris qu'on leur jette soit sur l'eau du bassin, soit sur
la terre. Aux environs du phare de Soth-Stack, on voit en tout
temps, et surtout pendant les tempêtes, des goëlands voltiger en
grand nombre et saisir la nourriture que leur distribuent les gar-
diens du phare; ces oiseaux semblent être apprivoisés. Les goëlands sont omnivores, mais principalement carnivores et pisci-

vores ; sans cesse ils sont à la recherche des cadavres et des poissons que les flots de la mer roulent sur les sables des rivages. Chaque année, pendant l'hiver, au moment où les tempêtes agitent l'Océan, des bandes de goëlands mêlés à quelques corneilles mantelées, voltigent près de l'abattoir, à Angers, en effleurant dans leur vol, tour-à-tour lent et rapide, la surface des eaux de la Maine, où ils capturent quelques débris putréfiés qui s'échappent des égoûts de l'abattoir.

Le goëland à manteau noir est le plus gros des oiseaux de ce Genre qui visitent notre département ; sa taille est de soixante-dix centimètres. Il habite ordinairement les mers du nord de l'Europe, mais il se montre pendant une partie de l'année sur les côtes de la France, où il se reproduit. Les goëlands se réunissent en bandes considérables au moment de leur nidification, pour former de véritables colonies. Leurs nids consistent en une petite cavité pratiquée dans le sable et arrondie en forme de coupe peu profonde ; quelques grains de gros gravier constituent les bords de cette coupe ; parfois des débris de plantes en garnissent le fond : c'est sur ces couches peu travaillées que les femelles déposent, les unes près des autres, trois œufs et rarement quatre. Le grand diamètre de ces œufs est de $0^m,076$ à $0^m,080$, et le petit, de $0^m,054$ à $0^m,056$. La coquille, d'un gris brun roux ou jaune, varie beaucoup de couleur et de forme. Quelques-uns de ces œufs sont parsemés de taches d'un brun cendré, d'autres d'un noir foncé, entremêlées de petits points de même nuance. Dans quelques parties de l'Angleterre, ces œufs sont l'objet d'un trafic important ; des jeunes gens, exercés dès l'enfance à cette chasse, explorent, pendant les mois de mai et de juin, les précipices situés entre les rochers où les goëlands déposent leurs œufs, et ils en récoltent des quantités innombrables. Quant à l'adjectif *marinus*, « marin, » ajouté à *larus*, il indique que le goëland est l'ornement gracieux de la mer, et, sous ce rapport, cette expression est parfaitement juste. Aucun oiseau ne déploie plus de grâce que les goëlands et les mouettes, lorsque ces oiseaux se balancent au-dessus des vagues pour se laisser tomber avec légèreté à la surface de l'eau en relevant les ailes et la queue, de peur de les mouiller, puis remontent avec rapidité pour redescendre encore et continuer ainsi des évolutions qui se déroulent comme des festons animés. Cette pêche si légère et si rapide est accompagnée de petits cris, en signe de satisfaction, à la suite des captures qui ont été faites. C'est l'image d'un pêcheur s'applaudissant lui-même.

GOÉLAND A MANTEAU BLEU. — LARUS ARGENTATUS.

Les habitudes des différentes espèces de goélands étant les mêmes, il me semble inutile de rentrer dans des détails qui ne seraient que des redites. Je me bornerai donc, dans ces deux notices, à indiquer d'une manière sommaire l'étymologie des mots servant à distinguer entre eux ces palmipèdes. La couleur des plumes qui recouvrent le dos et les ailes de ce goëland justifie les deux épithètes *à manteau bleu* et *argentatus*, « argenté. » Les reflets d'un bleu un peu blanchâtre que donnent les plumes du manteau de ce goëland ont fourni aux naturalistes le caractère qui devait le distinguer de ses congénères. Ce palmipède habite ordinairement les contrées septentrionales et orientales de l'Europe ; il se reproduit cependant sur les côtes de la France, de la Belgique, de la Hollande et de l'Angleterre. Il niche rarement sur le sable, mais presque toujours dans les anfractuosités des rochers inabordables. Aussi ses œufs sont-ils moins faciles à se procurer que ceux du précédent. Au nombre de deux ou de trois, ils varient beaucoup de couleurs et de dimensions. Ils sont ordinairement d'un brun roux ou olivâtre ou jaunâtre. La coquille est parsemée de taches d'un gris pâle ou foncé, entremêlées de petits points de différentes nuances. Leurs dimensions sont plus petites que celles des œufs de son congénère. Ces œufs mesurent de 0ᵐ,072 à 0ᵐ,076, et de 0ᵐ,050 à 0ᵐ,052. Le goëland argenté se nourrit en grande partie de petits poissons, de mollusques et d'insectes que la mer a découverts en rentrant dans son lit.

GOÉLAND A PIEDS JAUNES. — Larus flavipes.

Ce goéland est souvent désigné sous le nom de *fuscus*, «brun,» dénomination qui, comme celle de son congénère, est motivée par les nuances de son plumage. *Flavipes* a la même signification que l'expression vulgaire, et est composé de *flavus*, *flavi*, « jaune, » et de *pes*, « pied. » Cet adjectif indique que les pieds de ce palmipède sont d'une teinte jaunâtre, caractère qui le distingue des autres goélands. Sa taille est aussi sensiblement plus petite que celle des deux précédents. Plus vorace encore que ses congénères, on le rencontre assez loin des côtes assouvissant sa faim au milieu des débris corrompus des abattoirs. Il habite ordinairement les rivages du nord de l'Europe, et se reproduit en assez grand nombre dans les falaises qui se trouvent dans les îles situées sur les côtes du département de la Manche, et aussi sur celles de la mer Méditerranée. Les œufs, au nombre de deux ou de trois, sont confiés aux trous des rochers ou aux sables de la mer. Leur couleur, d'un gris noir ou d'un roux sale, est parsemée assez régulièrement de taches entremêlées de points plus ou moins effacées et semées en zigzag. Ces taches et ces points sont d'une nuance plus noire que dans les œufs des deux autres espèces. Le grand diamètre est de 0^m,064 à 0^m,066, et le petit, de 0^m,044 à 0^m,046.

MOUETTE LEUCOPTÈRE. — Larus leucopterus.

Ce palmipède habite les contrées du cercle arctique ; il niche sur les rochers et sur les sables de ces régions désolées qu'il n'abandonne que pendant les hivers très-rigoureux. M. Guillou a tué aux environs de Cholet un de ces oiseaux, le 15 novembre 1852. Dans un grand nombre d'ornithologies il porte le nom de goéland ; dans d'autres il est classé sous la dénomination de *mouette*. Les mouettes ont les mêmes habitudes que les goélands ; comme ces dernières elles méritent le nom de *larus*, car elles déploient une grâce remarquable dans leur vol et dans leur course. La seule différence qui a déterminé certains auteurs à séparer les mouettes des goëlands, c'est l'infériorité de leur taille, infériorité qui n'existe pas même d'une manière sensible, en particulier à l'égard de la mouette leucoptère. Je crois donc qu'on pourrait classer tous ces oiseaux sous le nom générique de goëlands. Cependant, pour rester fidèle au principe que je me suis imposé de suivre aussi exactement que possible la Faune de Maine-et-Loire, je me vois obligé de conserver la dénomination de *mouette* et d'en chercher l'étymologie.

Quelques grammairiens affirment que *mouette* vient de l'anglais *mewe* et du flamand *mewe*. M. Littré pense que ce nom est un diminutif de l'ancien français *miawe*. On disait autrefois *miawe, mauve, move,* et, de nos jours, les marins appellent les *mouettes,* les *mauves*. Or, d'après du Cange, *mowe* dériverait de *motus, moveo,* « mouvement, mettre en mouvement. » D'où il me semble qu'il est permis d'émettre, sans être trop téméraire, l'hypothèse que *mouette* peut signifier *l'oiseau du mouvement, l'oiseau sans cesse en mouvement*. Cette signification serait juste ; car les mouettes passent leur vie dans un mouvement continuel, se balançant sans cesse dans les airs, plongeant, se relevant tour-à-tour comme les goëlands proprement dits, dont elles partagent la vie agitée. Les latins nommaient la mouette *gavia,* mot dérivant d'un vieux parfait de *gaudeo* « se réjouir, » expression se rapprochant de *larus* et signifiant « l'oiseau gai, aimable. » Nicot pense que *mouette* est une onomatopée représentant d'une matière incomplète le cri de cet oiseau. Enfin Roquefort prétend que les mouettes sont ainsi nommées à cause de la forme de leur bec. Comment cela ? Je l'ignore entièrement. Quant à l'adjectif *leucoptère,* il est composé de LEUCOS, LEUCON, « blanc, » et PTÉRON, « aile ; » il indique que cette mouette a les ailes blanches, .caractère qui la sépare des autres espèces. La mouette leucoptère pond deux ou trois œufs semblables à ceux du goëland à manteau bleu. Ils n'en diffèrent que par des proportions un peu plus petites. Ces œufs mesurent de $0^m,070$ à $0^m,072$, et de $0^m,048$ à $0^m,050$.

MOUETTE A PIEDS BLEUS ou GOÉLAND CENDRÉ. —
LARUS CANUS.

Le nord de l'Europe est la patrie de la mouette à pieds bleus ; mais, chaque année, des quantités considérables de ces oiseaux sont poussées par la tempête vers le littoral de la France, et, tous les hivers, nous les voyons apparaître en grand nombre sur les cours d'eau de l'Anjou, et parcourir de leur vol gracieux les vastes marécages de notre département. Les expressions *à pieds bleus* indiquent un des caractères de cette espèce. Quant à l'adjectif *cendré*, qui s'éloigne de *canus*, « blanc comme la neige, » il fait connaître un aspect du plumage de ce palmipède, qui est un mélange de blanc et de noirâtre et présente effectivement des nuances assez variées dans ses différentes parties. Cette mouette s'apprivoise très-facilement ; celles qui se trouvent au jardin des plantes d'Angers suivent les promeneurs, et vont même au-devant d'eux pour quêter quelques débris de gâteau et de pain. Le goéland cendré se reproduit dans le département de la Manche et du Pas-de-Calais.

La femelle pond, sur le sable ou dans les trous de rochers, trois œufs d'un blanc jaunâtre ou roussâtre. La coquille est parsemée de taches et de points d'un gris ou d'un brun foncé. Cependant la couleur de ces taches et de ces points est généralement moins foncée que celle des espèces précédentes ; ces taches, ces points semblent être à moitié effacés. Le grand diamètre est de 0^m,052 à 0^m,056, et le petit, de 0^m,040 à 0^m,042. Ces dimensions indiquent que ce palmipède est beaucoup plus petit que les goélands décrits antérieurement.

MOUETTE TRIDACTYLE. — LARUS TRIDACTYLUS.

Comme ses congénères, la mouette tridactyle vit ordinairement pendant l'été dans les régions arctiques; en hiver, et même pendant l'automne, elle visite les climats tempérés ; sa nourriture, ses habitudes sont les mêmes que celles des autres mouettes. Les adjectifs qui servent à la caractériser, en français et en latin , sont composés de TRES, « trois , » et DACTYLOS, « doigt , » et indiquent que cette mouette est privée de *pouce* et n'a , dès lors, que trois doigts.

La femelle dépose, sur quelques débris de plantes , dans les anfractuosités des rochers, trois œufs d'un blanc gris sale ou jaunâtre et même quelquefois noirâtre. Ils sont parsemés de taches et de points de la même couleur, et mesurent de 0^m,050 à 0^m,056, et de 0^m,038 à 0^m,040.

MOUETTE RIEUSE. — LARUS RIDIBUNDUS.

Cette mouette visite toutes les mers de l'Europe ; elle se montre sur les étangs, les marais , les rivières ; tous les climats paraissent lui convenir. D'un caractère sociable, elle semble , plus que toutes ses congénères , disposée à accepter la domesticité. Une mouette rieuse du jardin zoologique d'Anvers , vécut plusieurs années en pleine liberté, quittant à son gré l'enceinte de son habitation pour aller visiter les rives de l'Escaut, y capturer sa nourriture et revenir le soir dans le lieu de sa captivité. Cette mouette doit sa dénomination *ridibundus,* « rieuse, » au capuchon brun qui, pendant l'époque de la nidification , se termine à l'occiput en arrière et s'étend sur le haut du cou en avant. Cet ornement de noces , que la mouette revêt pendant quelques mois , lui donne une physionomie toute particulière , et sous cette physionomie les naturalistes ont entrevu une apparence de *ricanement,* de *rire.* Ce capuchon tourne un peu au grotesque ; on dirait que l'oiseau s'en est revêtu moins pour se donner un air de *rieur* que pour exciter à l'hilarité ceux qui le voient. La mouette rieuse pond ordinairement trois œufs sur les sables des mers ou à l'embouchure des fleuves. Ces œufs sont de formes, de dimensions et de couleurs tellement variables que toute description en devient impossible. Les mouettes rieuses se réunissent en quantités innombrables pour pondre dans les mêmes localités ; aussi les œufs sont-ils les moins chers de tous ceux de cette famille , et le prix en est si peu élevé qu'il compense à peine pour le vendeur les frais de l'envoi.

MOUETTE PYGMÉE. — Larus minutus.

Cette mouette est désignée en latin par l'adjectif *minuta*, « petite, » et en français par le mot *pygmée*. *Minuta* se justifie par la taille de ce palmipède, taille qui ne dépasse pas vingt-six centimètres et qui est, dès lors, la moitié et même le tiers de celle des espèces précédentes. Quant à l'expression *pygmée*, elle représente la même idée, et repose sur un souvenir mythologique. Les pygmées habitaient la Lybie; ils avaient une coudée de hauteur ou cinquante centimètres environ ; leur vie ne dépassait pas huit ans. Les femmes cachaient leurs enfants dans les trous des rochers pour les soustraire aux attaques des grues avec lesquelles ces peuples étaient constamment en guerre.

Dans une de ses courses, Hercule ayant tué Antée, roi des Pygmées, ceux-ci résolurent de venger la mort de leur souverain. Pendant le sommeil d'Hercule, ils sortirent des sables de la Lybie, et se répandirent sur le corps du géant comme une légion de fourmis. A son réveil, Hercule les renferma tous dans sa peau de lion, et les porta en présent à Eurysthée, son frère aîné. Tel est le récit de la fable, récit que les savants ont consacré en donnant à la plus petite des mouettes le nom de *pygmée*, qui dérive de Pygmæus, formé de PYGMAIOS, dont la racine est PYGMÊ, mesure de dix-huit doigts chez les anciens grecs, mot signifiant poing et coudée, et valant $0^m,347$. Le pygmée représentait un pied olympique plus un huitième, et avait six doigts de moins que la coudée proprement dite. Ce palmipède habite l'orient de l'Europe et le nord de l'Asie; il se montre dans toutes les contrées de l'Europe, mais seulement pendant les hivers rigoureux et par bandes de quinze à vingt individus.

La mouette pygmée niche à l'embouchure du Danube, près des rivages de la mer Baltique et dans les grands marécages où elle se réunit alors en troupes nombreuses. La femelle dépose sur quelques brins d'herbes ou sur des débris de plantes, trois œufs d'un gris olivâtre ou jaunâtre, parsemés de taches et de points d'un gris foncé ou couleur de rouille. Ces œufs sont très-rares dans le commerce ; ils mesurent de $0^m,036$ à $0^m,040$, et de $0^m,028$ à $0^m,030$.

STERNE DE DOUGALL. — STERNA DOUGALLII.

Le groupe des *sternes* termine la Famille des Longipennes. Les sternes ont de nombreux rapports avec les mouettes, mais elles s'en éloignent par des tarses beaucoup plus petits, qui indiquent que ces oiseaux ne sont guère destinés à la marche, par la forme de leur bec, par leur taille plus svelte et plus élégante, enfin par leurs longues ailes et par leur queue plus ou moins fourchue. Ce dernier caractère rapproche beaucoup les sternes des hirondelles ; aussi sont-elles appelées le plus souvent *hirondelles de mer*. Cette dénomination me paraît beaucoup plus caractéristique que celle de *sterne*. Comme les hirondelles, les sternes passent leur vie dans un vol presque continuel qu'elles accompagnent d'un petit cri perçant, et, sous ce rappart, elles pourraient être, ainsi que les hirondelles, appelées les *criardes*. Elles vivent de poissons, de vers et d'insectes qu'elles capturent soit en se laissant tomber directement sur leur proie, soit en rasant avec une grande rapidité la surface de l'eau. Dans ces différentes évolutions les sternes déploient une telle élégance et une si grande rapidité, qu'elles devraient être comprises sous la dénomination de *larus*. Souvent on les voit se maintenir dans l'air, à la même place, par un frémissement des ailes, comme les Rapaces, et attendre ainsi le moment favorable pour saisir leur proie. Avec le secours de leurs longues ailes qui leur permet un vol rapide et prolongé, les sternes parcourent des distances considérables, fouillent toutes les différentes parties des immenses marécages qui se développent souvent à l'embouchure des rivières, et changent à chaque instant le théâtre de leurs explorations. Je reviens à la question étymologique. Que signifie *sterne* ? Et comment ce mot se rapporte-t-il aux habitudes des oiseaux qu'il désigne ? Dans tous les glossaires on trouve *sterne, sterna,* « nom de l'hirondelle de mer. » Réponse peu satisfaisante et surtout peu complète. Cependant quelques auteurs ajoutent : *sterne,* dénomination copiée sur l'anglais *stern.* Quelle est donc la traduction de ce mot ? *Stern* veut dire *austère, sévère,* sens qui ne se rapporte guère à la vie joyeuse et agitée des oiseaux auxquels il est consacré ; puis, dans une autre acception, il représente « *l'arrière d'un vaisseau, la poupe.* » Les marins auraient-ils trouvé entre la queue fourchue des sternes et les longs filets qui la terminent une certaine ressemblance avec la poupe d'un navire, dépassée, elle aussi, par le mât d'artimon? J'abandonne aux savants la solution de ce problème, et je continue l'interprétation des noms vulgaires de ce palmipède. *Dougallii* « de Dougall, » indique certainement que ces mots expriment ou le nom d'un auteur auquel cette sterne aura été dédiée, ou celui d'une localité dans laquelle elle manifeste sa présence en grande quantité. Selon toute probabilité, cette dénomination a été donnée par Montagu. Je pense que *dougall* n'est que le nom défiguré de la baie de Donegal près de l'embouchure de l'Esk en Irlande, non loin du château patrimonial des O'Donnel. La côte est découpée par une multitude de baies, et l'intérieur est parsemé d'un grand nombre de lacs immenses. Cette localité est visitée par des bandes innombrables de sternes. La sterne de Dougall habite ordinairement le nord de l'Europe et de l'Amérique ; elle se reproduit dans un certain nombre de petites iles situées sur les côtes de l'Irlande, de l'Angleterre et de la France. Elle niche sur les rochers, mais principalement sur le sable. La femelle pond trois ou quatre œufs sans préparer aucune espèce de nid ; quelques gros grains de gravier seulement forment autour de ces œufs une espèce de petite barrière. Les œufs de ce palmipède présentent les mêmes variétés que ceux des autres espèces de ce groupe, c'est-à-dire qu'ils varient de formes, de dimensions et de couleurs, de manière à déconcerter les connaissances des oologistes les plus expérimentés. Je ne donnerai donc à ce sujet que des renseignements généraux. Ces œufs sont ordinairement d'un gris jaunâtre, et parsemés de taches irrégulières qui semblent représenter plusieurs couches superposées variant du gris pâle au noir foncé. Ils mesurent de $0^m,040$ à $0^m,042$, et de $0^m,030$ à $0^m,032$. La sterne de Dougall niche sur la Roche-Percée, vis-à-vis du Pouliguen, non loin de l'embouchure de la Loire ; de là elle fait des excursions assez régulières en Anjou.

STERNE PIERRE-GARIN. — STERNA HIRUNDO.

Le *Pierre-Garin* est un très-bel oiseau doué d'un vol rapide
et gracieux. Chaque année il quitte les rivages de la mer pour
venir, au printemps, se reproduire sur les sables de la Loire.
D'un caractère défiant, il choisit pour établir son nid les îlots
les plus solitaires et d'une très-petite étendue. Là, sur le point
le plus culminant, il prépare un petit trou parmi les plus gros
graviers, de manière à ce que l'intérieur de cette coupe aplatie
soit formé par le sable le plus fin, et que les grains d'une forte
dimension servent de rempart au berceau de leur future famille.
La femelle dépose dans ce nid deux ou trois œufs dont la pointe
repose sur l'intérieur de la coupe, tandis que le gros bout s'appuie
à l'extérieur. La coquille de ces œufs est d'un fond jaunâtre strié
de taches et de points variant du brun au noir et même au
rouge. Leur longueur est de 0ᵐ,040 à 0ᵐ,044, et leur diamètre,
de 0ᵐ,028 à 0ᵐ,032. Le nom vulgaire est-il une onomatopée
représentant d'une manière éloignée le cri aigu *tyr-in, tyr-in,*
que ces oiseaux répètent vivement dès qu'ils craignent l'approche d'un ennemi? Ils continuent à redire ce cri en s'élevant à
des hauteurs considérables, et ne cessent de le faire entendre
que lorsque le motif de leur crainte n'existe plus. L'expression
Pierre-garin n'indiquerait-elle pas que cette sterne est un
Pierre qui aime et mange volontiers, ce qui est exact, une
petite coquille bivalve appelée vulgairement *garin*. Dès lors
Pierre-garin serait l'oiseau qui mange les *plicatules*, coquilles
verdâtres ou blanchâtres dont il aurait pris le nom populaire,
comme autrefois, et même de nos jours, les vainqueurs s'attri-
buent le nom des vaincus.

STERNE PETITE HIRONDELLE DE MER. —
STERNA MINUTA.

La question étymologique, en ce qui concerne cette sterne,
n'offre pas de difficultés. Le nom vulgaire et le nom savant
représentent la même idée, et indiquent que cet oiseau est le

plus petit du Genre auquel il appartient. La petite hirondelle de mer s'unit aux petits pluviers et aux pluviers à collier interrompu, pour nicher en bandes innombrables sur le sable des îlots situés près les rivages des mers. J'ai trouvé un grand nombre de ces œufs sur l'îlot des Evains, vis-à-vis le Pouliguen. Cette sterne se reproduit aussi sur les sables de la Loire, et bien des fois j'ai récolté les œufs de cet oiseau près des nids des petits pluviers. Ces œufs, au nombre de deux, sont confiés aux grèves, sans que la femelle fasse même une apparence de nid. D'une forme ronde et d'un gris jaunâtre, ces œufs sont pointillés de petites taches affectant toute espèce de formes et d'un noir assez foncé. Ils mesurent de 0^m,030 à 0^m,032, et de 0^m,022 à 0^m,024.

STERNE ÉPOUVANTAIL. — Sterna nigra.

La sterne à laquelle est consacrée cette notice doit ses dénominations *nigra*, « noire, » et *épouvantail* à la couleur de l'ensemble de son plumage. La poitrine, le ventre et l'abdomen sont d'un noir cendré, et la tête et le dessus du cou sont d'un noir pur. Cet oiseau est appelé par quelques auteurs *hydrochelidon*, mot composé de HYDÔR, « eau, » et CHÉLIDON, « hirondelle, » et signifiant, d'après cela, *l'hirondelle d'eau*. Cette dénomination est très-juste : elle associe la sterne épouvantail à l'hirondelle pour son vol rapide et élégant, pour les nuances de son plumage, et indique en même temps la différence qui sépare ces deux oiseaux. L'adjectif *fissipes*, composé de *fissus*, *fissi*, « fendu, » et *pes*, « pied, » fait connaître une particularité importante des pieds de cette sterne. Les palmures sont très-peu développées, très-échancrées et réduites à une simple bordure sur le tiers au moins du doigt médian. Ce caractère devait frapper les naturalistes, surtout lorsqu'il s'agit d'étudier des oiseaux appartenant à l'Ordre des Palmipèdes. Comme les hirondelles, les épouvantails sont sans cesse en mouvement dans les airs, voltigeant tour-à-tour à des hauteurs différentes pour capturer les insectes qui séjournent sur les bords des rivières et des marécages et pour saisir les petits poissons qui apparaissent à la surface des flots. Dans ces courses incessantes, la sterne épouvantail pousse constamment des cris aigus et plaintifs. Cette habitude a peut-être aussi contribué à lui faire donner son nom vulgaire. Les sternes épouvantails nichent en Anjou par colonies innombrables, et, dès qu'elles ont trouvé un endroit favorable pour élever leurs petits, leur nombre s'accroît de jour en jour. La femelle pond deux, trois et rarement quatre œufs variant du jaune clair jusqu'au noir sombre, en passant par une série de nuances très-différentes. La coquille est parsemée irrégulièrement de taches assez larges formant plusieurs couches qui paraissent superposées et qui varient du gris au brun et au noir. Quelques-uns de ces œufs sont oblongs, d'autres piriformes, enfin quelques-uns sont ronds. Ils mesurent de $0^m,034$ à $0^m,038$, et de $0^m,024$ à $0^m,028$, et reposent sur des débris de plantes dans des clairières situées au milieu des roseaux ; quelques-uns sont déposés sur une large feuille de nénuphar ; des restes de plantes marécageuses les empêchent de rouler sur ce tapis humide et gracieux. Dans la Fosse de Sorges, j'ai trouvé une grosse racine de nénuphar flottant sur l'eau ; cette racine avait la forme d'un V ; elle portait à chacune de ses extrémités un nid de sterne épouvantail, et offrait le délicieux tableau de trois berceaux s'abaissant et s'élevant tour-à-tour selon les fluctuations de la surface de l'eau. Bien des fois j'en ai découvert dans les vastes marais de la Baumette, et lorsque la Maine se retirait de l'endroit où la colonie avait élu domicile, la forme des nids se modifiait un peu.

Sur les joncs mis à sec et repliés sur eux-mêmes se trouvait une petite coupe formée de plantes marines ; cette coupe, aplatie à sa base, s'élevait au-dessus du niveau de l'eau ; son diamètre diminuait insensiblement jusqu'au sommet du petit monticule auquel étaient confiés les œufs dont l'extrémité pointue est toujours dirigée vers l'intérieur du berceau de la future famille. Quand on pénètre dans un marais où se trouve une colonie d'épouvantails, les cris de ces oiseaux redoublent avec une grande intensité ; ils revêtent une nuance de tristesse et de gémissement qui font peine à entendre. Bientôt la colonie tourbillonne au-dessus des têtes des dénicheurs, et s'approche si près, qu'on pourrait abattre ces oiseaux avec une canne et même avec la main.

Par leurs cris et par la direction de leur vol, les sternes épouvantails obtiennent un résultat tout opposé à celui qu'elles se
proposent : elles indiquent l'endroit où se trouvent leurs nids ou
leurs petits ; ces derniers se cachent alors sous les replis des
larges feuilles de nénuphar. Dans certaines parties des marais
de la Baumette on trouve des colonies renfermant vingt, trente
et même quarante de ces nids. Ces marais me rappellent un
épisode dont je consigne ici le souvenir. Dans le mois de juin
1865, je devais fouiller avec mes jeunes amis Eugène Lelong et
Guillaume Bodinier le vaste espace marécageux qui s'étend
depuis le rocher de la Baumette jusqu'à Notre-Dame-des-Champs.
Un bateau léger avait été préparé par les soins de M. Gabriel,
concierge à la Préfecture, qui devait nous servir de pilote.
L'équipage s'embarqua, rêvant, comme toujours, une moisson
de riches découvertes. A peine le cours de la Maine était-il tra-
versé, que nous apercevons dans les roseaux qui forment l'enceinte des marais un autre bateau qui se dirige vers nous. Il
était monté par trois hommes dont la contenance nous paraissait suspecte. Près d'eux étaient maintenus à grand peine deux
chiens de chasse. Le prétendu chef de cette embarcation nous
dit qu'il avait affermé la coupe des roseaux, que notre passage à
travers les marais pouvait lui occasionner un tort réel, et qu'il
nous sommait de nous retirer. Nous crûmes prudent d'obtempé-
rer à cet ordre, non parce que nous le croyions juste, puisque
nous avions une permission régulière du propriétaire des marais
qui nous reconnaissait le droit d'y pénétrer selon notre volonté,
mais parce qu'il était évident que nous avions affaire à des gens
très-mal disposés et surexcités encore par des libations copieu-
ses. Je donnai l'ordre de virer de bord, après avoir
adressé quelques paroles de politesse au chef de l'embarcation.
Tout-à-coup celui-ci se ravise, et me dit que je pouvais entrer
dans le marais, que, du moment où je reconnaissais son droit,
non-seulement il me concédait toute permission, mais qu'il
m'offrirait une partie de chasse à laquelle il allait se livrer. Je
Je remerciai, tout en refusant d'une manière positive la dernière
proposition qu'il me faisait. A peine avions-nous dirigé notre
canot à travers l'enceinte extérieure des roseaux, qu'une troisième embarcation y pénètre, montée par un garde et par deux

vigoureux gaillards. Elle se dirige avec une grande rapidité vers celle du prétendu fermier des marais. Le garde ordonne à celui-ci de s'arrêter ; mais, loin d'obéir, l'équipage aviné redouble d'énergie. Une course s'engage entre leurs embarcations au milieu des roseaux ; elle est accompagnée de beaucoup de péripéties ; on crie, on se menace, on s'arme de bâtons ; enfin un choc a lieu, et l'équipage poursuivi se jette à l'eau, emmenant avec lui ses deux chiens, et ne laissant entre les mains du garde, comme preuves de conviction, que quelques jeunes canards capturés par ces chiens habitués à cette espèce de chasse. Les coupables sont poursuivis à travers le marais, et enfin le garde peut constater que le délinquant chef n'est pas un novice en méfaits, mais un interné politique de bas étage, sous le coup de plus de quarante délits du même genre. Là, ne devaient pas se terminer nos émotions : le coupable dit au garde que c'était pour le *curé* qu'il avait chassé, et que, lui et moi, nous étions de moitié. Puis, pour affirmer son dire, il proféra un vrai déluge d'imprécations. Le garde remonte alors en bateau et se dirige vers nous, demande nos noms, et d'une manière polie nous assure qu'il ne croyait nullement les propos de ce vaurien de la pire espèce, mais qu'il devait prendre des précautions en présence des affirmations qui pourraient être renouvelées devant le prétoire. Heureusement la justice a pu rendre sa sentence sans que l'équipage des dénicheurs de sternes épouvantails fût obligé de comparaître devant le tribunal.

La sterne épouvantail manifeste un grand attachement pour ses semblables, attachement porté jusqu'à l'héroïsme. Si l'un de ces oiseaux est blessé, ses congénères voltigent autour de lui pour l'aider à reprendre son vol, et pour lui porter secours autant qu'ils le peuvent. Toutes les sternes de la colonie se laisseront tuer successivement plutôt que d'abandonner un de leurs membres. J'aime à relater cette habitude, car, dans notre siècle d'égoïsme, le cœur trouve plaisir et rafraîchissement à pouvoir se consoler un peu en considérant les mœurs de ces oiseaux et à y puiser une leçon et un encouragement. Si une des sternes aperçoit dans le lointain, au plus haut des airs, un point noir annonçant la présence d'un oiseau de proie, elle jette un cri d'alarme, le répète dans toutes les directions jusqu'à ce que tous les membres de la colonie soient avertis , et tous alors se pressent les uns contre les autres , tourbillonnent et décrivent une série de cercles concentriques autour de leurs ennemis ; ces cercles se rapprochent, s'enlacent avec une telle rapidité, les cris deviennent si vifs, si aigus , si multipliés, que le rapace complétement étourdi cherche, dans la fuite, un préservatif contre une telle stratégie. Mais là ne s'arrêtent pas les sternes : elles poursuivent , bien loin de leurs jeunes familles, l'oiseau de proie , et elles l'insultent par un redoublement de cris lors même qu'il est déjà assez éloigné du théâtre de sa défaite.

STERNE CAUGEK. — STERNA CANTIACA.

Cette sterne visite rarement l'Anjou , quoiqu'elle se montre en bandes nombreuses à l'embouchure de la Loire et le long des côtes de l'Océan. Elle se reproduit sur les rivages de la Baltique et du nord de la France. Son nom vulgaire paraît être une onomatopée , et redire le cri que cet oiseau répète d'une manière continue et fatigante. C'est ce cri agaçant qui a déterminé les savants à le désigner par l'adjectif *cantiaca*, qui me semble dériver de *canti-*

tare, fréquentatif de *canto* et signifiant « pousser des cris répétés, chanter sans cesse le même refrain. » Il y a dans le mot *cantiaca* l'idée d'un cri assourdissant. La sterne caugek est appelée la *criarde*, et si son nom vulgaire présente une onomatopée, il est évident que son cri n'est pas agréable. Cet oiseau est peu défiant ; il se laisse facilement approcher, surtout lorsqu'il est en troupes nombreuses. Si l'un des membres de la colonie est frappé par le plomb du chasseur, tous les autres, comme dans l'espèce précédente, s'empressent autour du blessé, paraissent vouloir le secourir, et se font tuer les uns après les autres plutôt que d'abandonner leur congénère. Ce fait s'est renouvelé plusieurs fois sur la Roche-Percée, localité où les caugeks se réunissent en très-grand nombre. Cette sterne dépose sur le sable des îlots de la mer, non loin des côtes, deux ou trois œufs d'un blanc jaunâtre ou d'un roux clair. La coquille est parsemée de taches irrégulières d'un noir profond ou d'un gris pâle ou violet. Quelques-uns de ces œufs ont une teinte uniforme rougeâtre et même violacée. J'ai reçu par l'entremise de M. Mœscheler de très-belles et de très-nombreuses variétés de ces œufs. Le grand diamètre est de 0^m,050 à 0^m,052, et le petit, de 0^m,034 à 0^m,036.

STERNE ARCTIQUE. — Sterna arctica.

La sterne *arctique* a été confondue pendant bien longtemps avec la sterne *épouvantail* dont elle diffère par des tarses très-courts et par un bec grêle, tandis que les tarses et le bec de l'épouvantail sont assez longs. Le nom vulgaire, qui n'est que la traduction du mot latin *arctica*, du grec ARCTOS, « Ourse, Nord, » indique quelle est la patrie de cet oiseau. Quoique habitant ordinairement les régions les plus voisines du cercle arctique, cette sterne visite les climats tempérés, à l'époque du printemps ; plusieurs sujets de cette espèce ont été tués en Anjou, et je pense même qu'elle se reproduit dans notre département, en compagnie de l'épouvantail avec laquelle elle s'unit très-souvent. A différentes reprises j'ai trouvé dans les marais de la Baumette des nids plus solidement construits que ceux de la sterne hirondelle; les débris des plantes qui les composaient s'élevaient en forme de petits monticules aplatis ; enfin les œufs qu'ils contenaient offraient avec ceux de l'épouvantail une différence assez sensible. M. Blain a constaté le même fait , et , plus heureux que moi , il a tué quelques sternes arctiques qui ne pouvaient séjourner dans ces marais , à l'époque du printemps, sans s'y reproduire. Ces faits ont lieu d'être admis d'autant plus facilement que les naturalistes constatent que les deux espèces s'unissent entre elles et donnent naissance à des métis dont les variétés déconcertent l'analyse des savants. La sterne arctique niche dans les marais et sur les sables des rivages ; elle pond trois ou quatre œufs variant d'un brun jaunâtre au brun sale , ou d'un roux clair au roux foncé. Ils sont parsemés de taches et de points gris ou noirs, et mesurent de 0^m,044 à 0^m,046, et de 0^m,030 à 0^m,032.

STERNE MOUSTAC. — STERNA LEUCOPAREIA.

La sterne moustac habite les parties orientales du midi de l'Europe, la Hongrie, la Dalmatie, l'Italie , etc. ; elle visite chaque année les côtes de la Méditerranée , où elle se reproduit. Son nid , composé d'herbes marécageuses, représente un petit monticule rond dont le sommet est aplati et creusé en forme de coupe ; il contient trois ou quatre œufs d'un verdâtre clair et quelquefois cendré. La coquille est parsemée de taches et de points bruns et noirâtres, plus nombreux vers le gros bout et là ils se déroulent comme une espèce de couronne. Le grand diamètre est de 0^m,038 à 0^m,040, et le petit de 0^m,026 à 0^m,028. Non-seulement la sterne moustac traverse l'Anjou, elle y séjourne, et je crois même qu'elle y niche, mais plus tard que l'épouvantail. J'ai récolté des nids et des œufs entièrement semblables à ceux que M. Crespon a étudiés dans les prairies inondées de la Camargue , et qu'il attribue à la sterne moustac. Je pense que la dénomination savante *leucopareia* représente sous une forme différente la même idée que *moustac*. Le caractère distinctif de cet oiseau est une bande blanche qui s'étend depuis le coin du bec jusqu'à l'oreille en passant sous les yeux. *Leucopareia* constate cette parti-

cularité : ce mot est composé de LEUCOS, « blanc, blanche, »
et de PARÉIA « joue, » oiseau à joue blanche dont les nuances
figurent une espèce de *moustache blanche* qui est d'autant plus
apparente qu'elle tranche davantage avec le dessus de la tête et
du cou qui est d'un noir profond. Déjà nous avons en Anjou la
mésange moustache, ainsi nommée à cause de la bande noire qui
se déroule sur les deux joues. *Moustac, moustache*, dérive du
mot grec MUSTAX, dorien pour MASTAX, « lèvre supérieure,
moustache. »

QUATRIÈME FAMILLE.

Brachyptères.

Cette Famille est la dernière de l'Ordre des Palmipèdes, la
dernière aussi de la Faune de Maine-et-Loire, et par conséquent
du travail que j'ai entrepris. Je la salue avec joie comme le terme
prochain d'une longue et pénible mission. Le nom de *Brachyp-
tères* est composé de BRACHYS, BRACHÉÏA, BRACHY, « court, courte, »
et PTÉRON, « aile, » et indique que les oiseaux groupés sous
cette dénomination n'ont que des ailes courtes, et même, quelques-uns, des pennes rudimentaires. La plupart des oiseaux de
cette Famille portent des noms dont l'explication offrira bien
des difficultés (mais je reprends courage, comme le marin qui
entrevoit le port après une navigation orageuse), et de nouveau,
avec lui, je salue le moment du repos.

GRÈBE HUPPÉ. — PODICEPS CRISTATUS.

Quatre espèces de grèbes visitent notre département, et l'une
d'elles s'y reproduit en très-grand nombre. Le grèbe de la première espèce est désigné sous le nom de *cristatus*, « huppé. »
Cette expression indique que ce palmipède a les plumes de la
tête allongées et partagées en deux faisceaux qui représentent
deux espèces de cornes noires à la pointe, et se dessinant ainsi

davantage sur les couleurs de la face qui est d'un blanc roussâtre. Au-dessous de cette huppe relevée de chaque côté de l'occiput, se déroule à l'époque des noces, une large collerette
dont il ne reste plus tard que de faibles indices. « Le costume du
grand grèbe se distingue surtout de la tenue de voyage par l'épa-
nouissement d'une superbe coiffe en forme d'auréole faite de plumes fines et soyeuses, d'une couleur rouge marron légèrement
nuancée de jaune à la racine ; ladite coiffe se relevant aux angles
par des cornes et retombant sur la gorge comme un collier de
barbe. » (Toussenel, Ire partie, page 302.) C'est cette dernière
particularité qui a fait appeler par plusieurs naturalistes, le
grèbe huppé *cornutus*, « le cornu. » Les grèbes étant des oiseaux
essentiellement plongeurs, sont, dès lors, constitués de manière à accomplir leur mission. Leur corps est oblong, leur
tête arrondie, leur cou allongé. Leur bec large et fort capture
facilement leur proie qui consiste en poissons, en vers, en insectes et en plantes aquatiques. Leur tête, petite, pénètre dans
l'eau comme une flèche lancée avec force. Les tarses sont dénu-
dés afin que les plumes ne viennent pas opposer de résistance
lorsque ces oiseaux plongent profondément. Les doigts des pieds
sont réunis à leur base par une écaille membraneuse, et recou-
verts de *squamelles* parcheminées, de *squamma*, « petite écaille.»
On dirait un tissu régulier de cordes, ou plutôt un corps lié par des
cordes qui, une fois enlevées, y auraient laissé leur empreinte.
C'est à cette dernière particularité que les grèbes doivent
leur nom scientifique, *podiceps*, dérivé du grec PODIZÔ, signifiant « lier les pieds, garrotter. « Ces oiseaux n'ont pas de
queue, cet appendice les gênerait dans leurs évolutions sous-
marines. Le plumage des grèbes est doux et satiné, surtout en-
dessous du ventre ; il sert à confectionner de très-belles four-
rures et des manchons. La peau du grèbe se vend de cinq à huit
francs. Ces palmipèdes vivent sur les mers, sur les fleuves, et
de préférence sur les grands lacs. J'en ai vu un certain nombre qui
plongeaient dans l'eau du lac de Genève. Le grèbe huppé se reproduit en Suisse, en Sicile et dans plusieurs départements du midi
de la France. Le mâle et la femelle unissent leurs efforts pour
construire le berceau de la jeune famille. Ce nid est composé
de plantes et de feuilles entassées en grand nombre, de manière

à former une grosse boule ayant de quinze à vingt centimètres de diamètre, et dont la hauteur est au moins aussi considérable. La plus grande partie de cette boule est enfoncée sous l'eau, et dans celle qui surnage se trouve, au sommet, une petite cavité contenant de trois à cinq œufs. Le nid n'est pas fixé; il flotte librement, mais il est toujours placé dans une clairière encadrée de roseaux qui le retiennent captif et l'empêchent d'être emporté par le courant. Quand la femelle s'éloigne du nid, elle recouvre ses œufs de quelques débris de plantes aquatiques, de sorte que la boule paraît entièrement sphérique et n'offre plus l'apparence d'un nid. Si un bateau passe dessus, le nid s'enfonce, pour reparaître aussitôt. Les œufs sont oblongs et même pointus aux deux extrémités, enduits d'une couche lisse de matière crétacée dont les teintes se modifient avec les différentes périodes du temps de l'incubation; d'abord blancs, ils revêtent plus tard une teinte jaunâtre, et ressemblent ensuite à la nuance d'une pipe *culottée*. Les herbes qui forment le nid, se trouvant en contact avec l'eau et avec la chaleur de la couveuse, déposent sur les œufs un suc qui se diversifie selon les espèces de plantes entassées pour porter les œufs. Chacun de ceux-ci présente plusieurs nuances selon que certaines parties sont plus ou moins en contact avec l'eau. La mère ne couve guère que pendant la nuit. Ces œufs mesurent de 0^m,052 à 0^m,056, et de 0^m,034 à 0^m,036. Les grèbes volent très-difficilement et en rasant la surface de l'eau. Ils nagent avec rapidité; leurs tarses, taillés en lames de couteau, fendent les flots; leurs pieds, placés à l'arrière du corps, servent de gouvernail et d'hélice; et leurs doigts, enveloppés d'une membrane libre qui déborde à droite et à gauche, facilitent encore les mouvements sous-marins des grèbes, en augmentant ou en diminuant à volonté la largeur de la rame. Enfin, les cavités aériennes des grèbes sont plus développées que chez les autres plongeurs, avantage qui permet à ces palmipèdes de rester longtemps sous l'eau. Les mâles partagent avec les femelles les soucis de l'incubation, exemple très-rare chez les oiseaux d'eau et qui ne se retrouve que chez le pélican. D'après les savants, le mot *grèbe* vient de l'allemand *grebe*, signifiant un oiseau d'eau. Bechstein cite, parmi les dénominations vulgaires de cet oiseau, celle de *greve*. Cependant grèbe se traduit en allemand par *steiss-fus*, composé de *steiss*, « croupion, » et *fuss*, « pied, » et indiquant ainsi l'un des caractères du grèbe, celui d'avoir les pieds à l'arrière du corps.

Le grand grèbe, comme tous ses congénères, n'a recours au vol pour échapper à la poursuite de ses ennemis, que dans de rares circonstances et dans le cas de pressante nécessité ; il se dérobe ordinairement au chasseur en plongeant profondément et longtemps, pour reparaître un instant à la surface de l'eau et continuer sa stratégie sous-marine. On ne doit l'approcher, lorsqu'il est blessé, qu'avec une grande *réserve*, car il lance de violents coups de bec sur les mains des chasseurs, et vise quelquefois au visage de son adversaire. Quoique la chair de ce grèbe ne soit pas délicate, quelques chasseurs l'apprêtent comme celle du lièvre et la mangent en civet.

GRÈBE JOU-GRIS. — PODICEPS RUBRICOLLIS.

Les mœurs des grèbes ayant été exposées dans la notice précédente, mon travail sera purement étymologique pour les trois espèces qui me restent à décrire. Le grèbe *jou-gris* doit son nom à une particularité de son plumage. Dans le temps de la nidification, les adultes ont les *joues grises*; plus tard, cet encadrement disparaît, et l'ensemble de la tête devient d'un gris de souris ; enfin, le devant et le côté du cou, ainsi que le haut de la poitrine, se révêtent d'un roux ardent, ce qui explique l'adjectif *rubricollis*, composé de *rubrum*, « rouge, » et *collum, colli*, « cou. » La huppe de ce grèbe est plus courte que celle de son congénère et plus aplatie. Le *jou-gris* est plus rare en France que le grèbe huppé ; il se reproduit de la même manière. La femelle pond de trois à cinq œufs ; leur grand diamètre est de $0^m{,}048$ à $0^m{,}050$, et le petit, de $0^m{,}032$ à $0^m{,}034$.

GRÈBE OREILLARD. — Podiceps auritus.

Les caractères qui servent à distinguer ce palmipède du grèbe huppé, ne sont pas très-tranchés : c'est ce qui explique pourquoi ces deux espèces ont été désignées par le même nom ou par des expressions un peu synonymes. De longues plumes roses se dressent au-dessus des yeux et derrière, et représentent ainsi deux cornes ou deux *oreilles*. Buffon le nomme *grèbe de l'Esclavonie*, parce qu'il est très-nombreux sur les lacs de cette contrée de l'Autriche. L'oreillard visite d'une manière très-régulière notre département, et, selon toute probabilité, il s'y reproduit. Plusieurs de mes amis me l'ont assuré, mais je n'ai jamais constaté le fait par moi-même, n'ayant pu pénétrer dans les marais que l'on m'avait indiqués comme étant le séjour de ces grèbes. La femelle pond de trois à cinq œufs dont la longueur est de 0^m,044 à 0^m,048, et le diamètre, de 0^m,030 à 0^m,032. Quelques auteurs nomment ce grèbe *articus,* « arctique, » parce qu'il séjourne en assez grand nombre dans les marais des régions du pôle arctique.

GRÈBE CASTAGNEUX. — Podiceps minor. — Fluviatilis.

Le grèbe castagneux pullule dans notre département ; à l'époque de la nidification, chaque marais, chaque mare en renferme plusieurs couples, et il m'est arrivé de trouver cinq, six nids, et davantage encore, dans des flaques d'eau qui avaient à peine quarante à cinquante mètres de longueur. L'épithète *minor,* « plus petit, » indique que cette espèce est la plus petite du genre. L'adjectif *fluviatilis,* « fluviatile, » fait connaître que ce grèbe fréquente non-seulement les marais, les étangs, mais encore les rivières et les fleuves, surtout lorsque les bords de ces cours d'eau sont parsemés de roseaux. Quant à la dénomination vulgaire, elle représente l'ensemble de la couleur du plumage de cet oiseau. « Sa grosseur, » dit Belon, « est d'une petite sarcelle, de la couleur de la bogue d'une *chastaigne,* dont il semble que la cause pourquoy on l'a nommé *cas-*

tagneux est venue. » (Page 177.) Cette expression représente assez bien les nuances des plumes de cet oiseau, plumes dont les teintes sont brunes, variées de *roux marron*. Le castagneux est très-répandu dans les marais à sangsues, où il exerce de véritables ravages ; aussi les propriétaires lui font-ils une guerre incessante. J'ai remarqué bien des fois que ce palmipède paraissait vivre en bonne intelligence avec la foulque, tandis qu'il s'éloignait de la poule d'eau. Souvent, en découvrant un nid de foulque, j'étais porté à rechercher dans les environs celui du grèbe, et rarement mes investigations sont demeurées sans résultat. Un jour que dans les marais de la Baumette, vers

le milieu de juillet 1866, je fouillais avec mes jeunes amis, Eugène Lelong et Guillaume Bodinier, dans un bateau conduit par M. Baptiste Ollivier, les roseaux qui se déroulent vis-à-vis le rocher, je découvris un très-beau nid de foulque près duquel surnageait un de ces radeaux servant d'observatoire au mâle qui veille sur la couveuse. Ce nid me fit pressentir qu'un berceau de castagneux ne devait pas être éloigné ; j'étais d'autant plus désireux de le découvrir, que mon équipage n'en avait encore jamais vu ; mais nous dûmes prendre des précautions pour atteindre le but de nos désirs. Les soldats, disséminés sur les bords de la Maine, essayaient leurs fusils à longue portée ; les balles sifflaient au-dessus de nos têtes, quelques-unes venaient tomber près de notre bateau, et, de plus, une violente tourmente, accompagnée de pluie et de tonnerre, s'était déchaînée sur nous. Malgré le danger, malgré la pluie, nous poursuivons notre tâche, et, étendus dans le bateau pour éviter les balles, nous dirigions notre léger esquif en nous accrochant aux roseaux. L'espérance soutenait nos efforts et ranimait notre courage. Nous luttions ainsi depuis quelque temps avec une rare énergie lorsque je signalai à mes compagnons d'équipage un nid de grèbe, que j'avais aperçu entre une touffe de roseaux. Nous nous approchons, et mes jeunes amis cherchaient et recherchaient le nid sans le reconnaître ; la mère avait couvert ses œufs en s'en éloignant ; le bateau s'avançait sur ce berceau qui paraissait être une boule de feuilles desséchées, et qui, sous ce rapport, représentait bien, quant à la nuance, une *grosse bogue de châtaigne*. Cette découverte nous récompensa de nos fatigues et de nos dangers, et heureux et même plus heureux que les chercheurs d'or de la Californie, nous saluons de nos transports de joie l'objet de nos désirs. Ah ! mon honorable ami, où étiez-vous dans ce moment-là ? Si, présent à nos luttes, à nos efforts pénibles, vous les eussiez partagés, auriez-vous pu dire que nos faibles travaux étaient rédigés sur des notes de cabinet et nullement *recueillies en plein soleil* ? Et cependant, mon honorable ami, l'équipage qui m'accompagnait pourrait vous redire que le soleil dardait sur nos têtes de terribles rayons entrecoupés d'un violent orage et d'une pluie torrentielle, sans oublier les balles qui sifflaient autour de nous. De grâce, mon honorable adversaire, reconnaissez que le feu sacré de l'ornithologie qui vous a vivifié dans le cours de vos bonnes années, nous a plus d'une fois animés et soutenus.

Le nid du grèbe castagneux contient de quatre à six œufs oblongs ; ces œufs sont d'abord blancs, mais ils changent de couleur à mesure que le temps de l'incubation se prolonge ; j'en ai trouvé de noirâtres et même quelques-uns reflétant sur la même coquille plusieurs nuances très-distinctes, variant du blanc au noir et au bleu, selon que certaines parties se trouvaient plus ou moins en contact avec l'eau et avec le suc détrempé des feuilles. Ils mesurent de 0^m,036 à 0^m,038, et de 0^m,024 à 0^m,026. Le grèbe castagneux, comme tous ses congénères, n'est nullement constitué pour la marche ; aussi ne séjourne-t-il à terre que dans de très-rares circonstances. Lorsqu'il gagne le rivage, il paraît se traîner sur le ventre en battant la terre de ses ailes ; puis, arrivé au but de sa course, il se tient debout, les ailes étendues ; on le dirait assis et immuable comme un père conscrit sur sa chaise curule. Cette position assez bizarre est si peu naturelle au castagneux qu'il ne la conserve pas longtemps, et qu'il s'empresse de regagner, par des efforts pénibles, l'eau, son élément véritable, sur laquelle il déjoue avec facilité toutes les ruses des chasseurs. Pendant l'hiver, le castagneux devient très-gras, et sa chair est alors regardée comme plus délicate que celle des autres grèbes.

PLONGEON IMBRIM. — Colymbus glacialis.

Les plongeons préfèrent les vastes mers aux eaux douces ; ils n'apparaissent sur nos fleuves que pendant les hivers rigoureux. Ils vivent de poissons, d'insectes, de mollusques et même de plantes aquatiques qu'ils saisissent jusqu'au fond de l'eau. Leurs pieds sont très-palmés ; aussi ces oiseaux nagent-ils avec une grande facilité et ne laissent-ils souvent apparaître que leur tête au-dessus des flots. Dans l'année 1856, un plongeon imbrim s'était aventuré sur la Maine jusque dans le bassin situé à Angers, entre le pont du Centre et celui de la Basse-Chaîne. Il naviguait avec une excessive rapidité et en même temps avec une élégance véritablement remarquable, sans paraître intimidé par les nombreux spectateurs qui suivaient toutes ses évolutions. Bientôt des barques se détachèrent des deux rives et se dirigèrent vers le plongeon qui semblait renoncer aux ressources de son vol. Entouré par une véritable escadre d'embarcations, il échappa, pendant plus de trois heures, à la chasse ardente qui lui était faite et à tous les coups d'aviron qui lui étaient abondamment destinés. A chaque danger qui le menaçait, il plongeait profondément et reparaissait bien loin de l'endroit où on le poursuivait. Ce ne fut qu'après avoir soutenu avec courage une lutte très-longue et très-fatigante, que le plongeon étourdi par les cris des spectateurs et par les coups d'aviron, put enfin être saisi par l'un de ses nombreux adversaires. Cet imbrim était gravement blessé ; c'est pourquoi il n'avait pu recourir à son vol, assez puissant et assez rapide ordinairement, pour échapper à la mort. Les plongeons descendent rarement à terre, car la conformation de leurs pieds leur interdit presque entièrement la marche ; aussi se laissent-ils prendre à la main lorsqu'ils s'aventurent un peu loin des côtes. L'adjectif *colymbus* est synonyme de *plongeon* ; il dérive du grec COLYMBOS, « plongeur, » et COLYMBAS, « plongeon, » venant eux-mêmes de COLYMBAÔ, signifiant « nager, plonger. » Quant à la dénomination *imbrim*, quelques auteurs prétendent qu'elle peut dériver de l'islandais *himber*, *himbrime*. Dans le voyage en Islande, par Olassen, on trouve *himbryne*. Pendant longtemps, j'ai cherché en vain le sens de cette expression. C'est pourquoi j'étais porté à entrevoir une certaine relation entre *imbrim* et le vieux mot français *imbrinqué*, « caché, embarrassé, » se liant au latin *imbricare*, et qui a le même sens. Cette expression aurait eu alors une signification très-exacte en s'appliquant à l'imbrim, qu'on le considérât ou sur la terre ou sur l'eau. A terre, sa démarche est *embarrassée* ; sur l'eau, il est *caché* et ne laisse apparaître que sa tête. Mais enfin, j'ai trouvé une racine bien plus sûre et en même temps très-caractéristique. Elle se rattache aux habitudes de ce plongeur, habitudes qui ont été relatées au commencement de cette notice. *Imbrim* se lit en latin *imber*, *imbris*, employé par Virgile et par Ovide, pour signifier « eau de source, eau de mer. » De plus, d'après Court de Gébelin (*Monde primitif*, t. VI, page 72), *imber* est composé de *im*, « grande, et de *er*, « eau, » et signifie dès lors *grande eau*. Ce sens du mot imber se justifie très-bien par les mœurs du plongeon imbrim, qui n'habite ordinairement que les vastes mers, et ne s'en éloigne que dans des circonstances passagères, et encore pour se réfugier non pas sur des eaux stagnantes, mais sur des fleuves ou sur des rivières. L'adjectif *glacialis* indique que les mers glaciales sont le séjour privilégié de l'imbrim. Ce plongeon établit son nid sur les îlots solitaires des mers du Nord. La femelle pond deux œufs très-oblongs et d'un brun olivâtre parsemés de taches d'un noir plus ou moins foncé. Il existe une différence considérable entre les deux diamètres : le grand est de $0^m,088$ à $0^m,092$, et le petit, de

0^m,056 à 0^m,058. La peau du plongeon imbrim est épaisse et très-forte; elle sert à l'habillement de plusieurs peuplades des régions arctiques.

PLONGEON CAT-MARIN. — Colymbus septentrionalis.

Ce plongeon se nourrit, comme le précédent, de poissons, de mollusques et d'insectes; comme lui aussi, il habite les mers arctiques, les rivages de l'Islande et de la Norwége. Il résiste beaucoup mieux que les fous, les guillemots, etc., à la violence de la tempête, et il ne se laisse pas entraîner par les ouragans sur les côtes des régions tempérées. S'il les visite de temps en temps, c'est lorsqu'il suit les bancs de sardines dont il fait sa nourriture la plus ordinaire. Selon toute apparence, *cat* ne serait que le mot *chat* un peu modifié, et, dès lors, *cat-marin* signifierait *chat marin*, expression qui se justifierait par la physionomie de ce plongeon lorsqu'il est à terre, et surtout par une habitude très-caractéristique qui n'a pas échappé aux observations des marins. Ce plongeon *guette* avec une patience remarquable les poissons qu'il doit capturer, et il reste un temps assez long sans changer de place, puis fond ensuite avec rapidité sur sa proie dès qu'elle se présente. Les marins ont trouvé

entre ce plongeon qui surveille dans une grande et longue immobilité l'approche des poissons, et le chat qui épie les souris,
une certaine ressemblance, et cette ressemblance, ils l'ont indiquée en l'appelant *cat-marin*, *chat-marin*. Dans leur style
naïf, les matelots le nomment le *lorgne*, l'oiseau qui *lorgne* sa
proie, qui l'a *à l'œil*, d'après leur expression ordinaire. Enfin,
comme le chat, le plongeon que je décris chasse pendant la
nuit. Pour compléter ces renseignements, il suffit d'ajouter qu'en
anglais, *chat* s'écrit *cat*. On appelle aussi le cat-marin, plongeon
à gorge rousse, à cause de l'espèce de collerette ou des taches
d'un roux marron vif qui se déroule sur le devant du cou des
adultes, en plumage de noces. Dans leur langage expressif, les
matelots nomment ce plongeon, ainsi que ses congénères, *les
mangeurs de plomb*. L'explication de cette singulière dénomination se trouve dans les habitudes de ces oiseaux. Lorsque les
chasseurs tirent les plongeons, ceux-ci disparaissent immédia-
tement sous l'eau, ou plutôt ils enfoncent la tête plus ou moins
profondément, car elle est souvent la seule partie du corps de
ces palmipèdes qui soit bien apparente. Dès lors, ils occasion-
nent aux chasseurs une grande dépense de plomb, car il est ex-
cessivement difficile d'atteindre ces oiseaux.

La femelle pond sur un nid formé de débris de roseaux deux
œufs très-oblongs d'un brun olivâtre plus ou moins nuancé
et parsemé de taches noires. Ces œufs offrent de très-belles
variétés; ils mesurent de 0^m,068 à 0^m,070, et de 0^m,044 à
0^m,046.

PLONGEON LUMME ou A GORGE NOIRE.
— COLYMBUS ARCTICUS.

Les expressions *à gorge noire* et *arcticus*, « arctique, » font
connaître une particularité du plumage de ce plongeon et les
lieux de son séjour le plus habituel. Dans le temps des noces,
les adultes ont la gorge et les côtés du cou, noirs à reflets vio-
lets, avec une petite bande transversale formée de raies lon-
gitudinales blanches. Quant au mot *Lumme*, que l'on écrit, en
irlandais et en norwégien, *Loom*, il dériverait, selon quelques

savants, de *al lomme*, « boiter, » et signifirait *le boiteux*, c'est-
à-dire l'oiseau dont la démarche à terre ressemble à celle d'un
être estropié. Sous ce rapport, l'étymologie indiquée se justifierait par l'embarras extrême que manifeste le plongeon lumme
pour parcourir même le plus petit espace, quand il descend sur
le rivage ; il se balance alors très-gauchement et d'une patte sur
l'autre. Cette interprétation me paraît d'autant plus probable,
que les marins qui visitent les parages où se rencontre le plongeon lumme ne désignent cet oiseau que sous ce nom, *le boiteux*. Comme les deux précédents, ce plongeon répand une odeur
très-désagréable qui tient, ainsi que celle d'un certain nombre
d'oiseaux d'eau, à son genre de nourriture composée presque
uniquement de poissons et de mollusques. Le lumme niche parmi les roseaux sur les bords des lacs salés et quelquefois bien
loin des rivages de la mer. Les deux œufs, très-oblongs, sont
d'un brun olive ou chocolat, parsemés de taches et de points
d'un noir plus ou moins accentué. Les nuances de ces œufs
offrent de nombreuses et belles variétés. Le grand diamètre est
de 0^m,080 à 0^m,082, et le petit, de 0^m,048 à 0^m,050. Le prix
de ces œufs est si minime, malgré la grande distance des localités où on les recueille, que je crois que les lummes doivent
nicher non pas isolément, mais en très-grandes colonies. Les
Lapons se servent de la peau de ce plongeon pour en confectionner des bonnets d'hiver.

PINGOUIN MACROPTÈRE. — ALCA TORDA.

Encore deux notices, et j'aurai atteint le terme de mon la-
beur ; mais ces notices, hélas ! m'apparaissent parsemées de
difficultés plus ou moins insolubles, et de rechef je reconnais la
justesse de l'observation du poète : *in caudá venenum*, « le poi-
son se trouve à la fin, à la fin se dressent les plus grands obsta-
cles. » Enfin essayons de lutter. Les pingouins vivent de poissons, de crustacés et d'insectes. Ce sont des oiseaux essentiellement nageurs et plongeurs ; ils habitent les mers glaciales du
Nord, se tiennent ordinairement loin des côtes, et n'abordent
aux rivages qu'au moment de la nidification ou lorsqu'ils y sont

poussés par la fureur de la tempête. Le mot *Pingouin* dérive de *pinguidineus,* « graisseux , huileux , » de *pinguedo ,* « graisse , » *pinguis* « gras , » venant lui-même du grec PACHYS, « épais. » Ces racines font connaître que cet oiseau est revêtu d'une couche de graisse abondante et huileuse , qui contribue puissamment à le préserver de l'atteinte du froid rigoureux des mers glaciales. L'adjectif *macroptère* est formé de MACROS , MACRON , « long, longue , » et PTÉRON, « aile, » et indique non pas que ce pingouin a des ailes véritablement longues , mais qu'elles sont plus développées que celles des autres espèces de ce Genre. Cette expression sépare cet oiseau de l'alca *impennis ,* de *in ,* « non, » et *penna ,* « penne, » *non penne , sans penne.* L'*impennis* a des ailes , mais ces ailes étant dépourvues de *pennes* ne peuvent lui servir pour le vol. Cette dernière espèce de pingouin est devenue très-rare, à cause de la chasse acharnée qui lui a été faite par des spéculateurs anglais établis au Groënland. L'œuf de l'alca impennis se vend de 1,000 à 1,200 francs. Douze œufs de cet oiseau sont mentionnés dans les collections européennes : mon honorable ami M. Raoul de Baracé en possède deux ; ils offrent des types magnifiques , et mesurent de $0^m,125$ à $0^m,130$, et de $0^m,075$ à $0^m,078$. Ce sont les plus grands œufs pondus en Europe.

Quant aux expressions *alca torda .* je pensais d'abord ne pouvoir les expliquer , car j'en ignorais complétement le sens. J'ai trouvé depuis dans les notes manuscrites d'un naturaliste étranger : « *Alca* dérive du suédois *alka* qui se dit en danois *alke ,* et en islandais *aulke.* » Quelle est la signification de ce mot ? Il ne l'indique nullement. J'en étais réduit à ce renseignement bien vague, lorsque les noms donnés à la famille des plongeurs, par un certain nombre de naturalistes , sont venus à mon aide. Les savants désignent cet oiseau par les adjectifs *alcadès, alcidés, alcinés.* Il devient dès lors évident que ces différents noms ont le même sens et, par suite, la même origine. Ils dérivent de ALKÊ, dorien ALKA, signifiant l'*Elan* et représentant l'image de la force et de la rapidité. Les anciens ont-ils trouvé un certain rapport entre l'élan et le pingouin? C'est probable puisqu'ils leur ont donné le même nom. Pour se préserver des taons, l'élan se tient, jour et nuit, pendant la saison d'été , plongé dans les marais des contrées du Nord , ne laissant entrevoir au-dessus de l'eau qu'une partie de sa tête. De plus , l'élan tombe très-souvent dans ses courses; ses jarrets plient au moindre obstacle qu'il rencontre. Le pingouin se tient également dans l'eau, et nage le plus souvent en ne laissant apercevoir que sa tête; sur le rivage sa marche est difficile et interrompue par des chutes fréquentes. Les adjectifs *alcidés, alcinés* , ont la même étymologie que le mot *alcadés ;* ils sont formés de ALKI , datif du nominatif inusité ALX, se rattachant à ALKÊ. ALKI se trouve souvent employé dans Homère. Si ALKÊ, ALKA, devaient s'appliquer au pingouin dans le sens de *force*, de *vigueur* , il ne s'agirait alors que de la facilité, de la puissance de cet oiseau pour nager et plonger. *Torda* est un adjectif employé dans toutes les ornithologies et qui cependant ne se trouve expliqué en aucun glossaire. Les marins appellent ce pingouin le *Torde,* et les savants ont latinisé ce mot. Or , *torde,* dans la langue des matelots , représente l'anneau de cordes qui sert à préserver les vergues contre le frottement du navire. Les marins ont-ils vu une certaine harmonie entre cette pelotte de cordes et le plumage du pingouin , qui, noir en dessus, blanc en dessous, avec une ligne blanche sur l'aile et une ou deux sur le bec, paraît , lorsqu'il est fermé, être *ficelé* par plusieurs tours de corde blanche sur un fond noirâtre ? Ou plutôt *torde , torda,* n'auraient-ils pas la même racine et le même sens que *torta ,* dérivant de *torqueo,* « se mouvoir en rond, » et signifiant « tourte, gâteau rond , huileux ? » Alors *alca torda* serait la *tourte marine,* « l'oiseau de la mer, gras, huileux, » dénomination très-exacte et qui se lierait encore avec celle du mot *pingouin ;* ou mieux encore ce serait la même avec un sens plus complet. Cette hypothèse me paraît d'autant plus plausible qu'il me semble évident que *torde,* terme de marine, signifiant anneau de corde , doit avoir la même racine que *torta,* « tourte, » c'est-à-dire *torqueo,* « tourner en rond, » car une *torde* n'est qu'un ensemble de ficelles , de petites cordes tournées en rond autour des vergues , de manière à faire une espèce de boule , un anneau de préservation. Linné avait appelé ce pingouin *alca pica,* « le pingouin *pie,* » pour indiquer que le noir et le blanc étaient les deux couleurs composant son plumage. Je termine

cette discussion étymologique en donnant quelques détails sur
la nidification du pingouin macroptère. Cet oiseau se reproduit
dans les crevasses des rochers qui bordent les côtes de l'Angleterre et de la Bretagne. La femelle pond ordinairement un
seul œuf oblong et d'un gris cendré un peu bleuâtre ou d'un bleu
grisâtre. La coquille est parsemée de taches noirâtres plus ou
moins foncées, toujours plus nombreuses et d'une couleur
plus prononée vers le gros bout. La longueur est de $0^m,075$ à
$0^m,080$, et le diamètre, de $0^m,046$ à $0^m,48$. La chair du pingouin a un goût détestable, et répand une forte odeur d'huile de
poisson. Les pingouins se réunissent en si grand quantité
pour nicher dans les mêmes parages, que le capitaine Wood
affirme avoir recueilli dans une seule et même localité cent mille
de ces œufs. (*Dictionnaire d'histoire naturelle* par Charles d'Or-
bigny, tome Xme, page 202.)

GUILLEMOT A CAPUCHON. — URIA TROILE.

Les guillemots vivent en grand nombre dans les mers du nord
de l'Europe, là ils se nourrissent de vers, de crustacés, de frai
et surtout de poissons. Ils se tiennent en pleine mer, et ne se
rapprochent des côtes qu'au moment de la nidification ou lorsqu'une tempête furieuse les pousse sur les rivages. Mieux organisés pour le vol que les pingouins, les guillemots peuvent parcourir d'assez longues distances en rasant la surface de l'eau.
Dans certaines Faunes ces oiseaux sont classés parmi les Alcidés, famille caractérisée par l'absence du pouce. D'après Ménage, *Guillemot* est un dérivé de *Guillaume*, *petit Guillaume*:
ce mot serait alors pris dans le même sens que *Martin* et autres
expressions expliquées déjà plusieurs fois dans cet ouvrage.
C'est-à-dire que *Guillemot* indiquerait que l'oiseau représenté par
ce mot régnerait en quelque sorte dans les parages où il se trouve,
et où il capture de grandes quantités de poissons, se confor-
mant en cela au procédé suivi par bien des souverains envers
leurs sujets. Selon Bouillet, *Guillemot* aurait pour racine un mot
anglais signifiant « oiseau stupide. » Ce sens serait très-carac-

téristique s'il était appliqué au Guillemot lorsqu'il est à terre, car la position de ses jambes, très-reculées en arrière, le condamne à une immobilité presque complète, et lui donne alors un air très-prononcé de stupidité. Sur l'eau, le guillemot règne comme dans son élément naturel, et sa physionomie est facile et gracieuse. Les mots *à capuchon* relatent une particularité du

plumage de cet oiseau. La tête, le cou du guillemot sont d'un brun de suie velouté ou d'un noir profond, avec un trait de même couleur derrière l'œil en décrivant une courbe sur les côtés du cou. On dirait une espèce de capuchon assujetti par deux larges rubans. Cette description me sert à donner le véritable sens de *Guillaume*, et par là même celui de *guillemot*. Roquefort dit que le mot *Guillaume* dérive du teuton *güldhelm*, signifiant *casque doré*. Enfin les auteurs modernes affirment que

l'expression *Wilhelm*, traduction littérale de Guillaume en allemand, est composée de *will*, « je veux, » et *helm*, « un casque. » Est-ce pour ce motif que les rois et les princes de
Prusse nommés ainsi affectionnent à un si haut degré le casque
traditionnel surmonté d'une pointe? Sans cette habitude, ils ne
justifieraient pas le sens attaché à leur nom. Pris dans cette acception, le mot *guillemot* convient parfaitement à l'oiseau que je
décris, puisque, comme le roi de Prusse, non-seulement il veut
un casque, un capuchon, mais il le possède sans qu'on puisse
le lui ravir à moins de lui ôter la vie.

Quant à l'expression *uria* ou *ouria*, car on emploie les deux
(Belon, page 179), elle vient du grec OURIA, féminin d'OURIOS,
dont la racine est OURA, « queue. » Les Grecs avaient eux-
mêmes donné au plongeon le nom d'OURIA. Cette dénomination
pouvait s'expliquer facilement par le caractère des Grecs qui
aimaient beaucoup à employer l'*antiphrase* : en effet le guillemot
a capuchon n'a qu'un rudiment de queue. D'après Aldrovande
(liv. XIX, p. 106), *uria* aurait pour primitif *urinari* signifiant
« se plonger dans l'eau, nager entre deux eaux.» Cette étymologie,
si elle était fondée, caractériserait parfaitement le guillemot à
capuchon. Voici en effet ce que je lis dans le recueil des Voyages
du Nord (Rouen, 1716, tome II, page 89) : « Les guillemots
nagent sous l'eau avec autant de vitesse que nous pouvons ra-
mer avec la chaloupe. Lorsqu'on les poursuit ou qu'on les a
tirés, c'est alors qu'ils se plongent et se tiennent fort longtemps
cachés sous l'eau, jusque-là que passant souvent sous la
glace, ils y sont sans doute suffoqués. »

Si l'adjectif *troïle* pouvait se rattacher à une racine exprimant
le nombre *trois*, les deux mots uria et troïle auraient une signification basée sur deux caractères positifs du guillemot, la peti-
tesse de sa queue et l'absence du pouce qui réduit à trois le
nombre des doigts de ce palmipède. Ce nom aurait-il été plutôt
donné au guillemot comme un souvenir mythologique? Troïle
était fils de Priam et d'Hécube. Les oracles avaient prédit que
Troie ne serait jamais prise tant qu'il vivrait. Troïle attaqua
Achille qui le tua, et sa patrie tomba aux mains de ses ennemis peu de temps après sa mort. Enfin ce nom ne serait-il pas celui
du voyageur Troïl, qui a visité l'Islande sur les rivages de laquelle

le guillemot est très-nombreux? J'abandonne à de plus érudits que moi la réponse à ces questions. Le guillemot à capuchon est réunit en très-grandes troupes au moment de la nidification, et il forme alors de nombreuses colonies. La femelle pond ordinairement un seul œuf dans les trous des rochers d'un accès difficile et auxquels on ne peut parvenir qu'avec une corde nouée. Cet œuf est très-gros et piriforme : la couleur de la coquille et celle des taches varie d'une manière extraordinaire, depuis le gris bleuâtre foncé jusqu'au verdâtre ou au jaune d'ocre. Ces œufs sont striés de taches, de points bruns ou noirâtres, réunis et formant une large calotte vers l'une des extrémités. D'autres fois ils sont parsemés de traits en zigzag qui se déroulent, dans tous les sens, d'une manière capricieuse. J'ai reçu plusieurs centaines de ces œufs, et je n'en ai jamais rencontré deux qui fussent semblables. Leur grand diamètre varie de 0^m,088 à 0^m,092, et le petit, de 0^m,048 à 0^m,052. Les œufs du guillemot à capuchon sont d'un prix peu élevé, et forment l'un des plus beaux ornements d'une collection. Dans quelques contrées, on recherche beaucoup ces œufs pour les employer dans l'industrie ; le jaune sert à donner de la consistance à certaines couleurs, et la coquille est employée à faire des coquetiers et des objets de fantaisie.

La tâche que je m'étais prescrite, il y déjà bien des années, est accomplie. J'ai parcouru, à travers beaucoup de difficultés et d'ennuis, la route que me traçait la Faune de Maine-et-Loire. Mon travail procurera-t-il à mes lecteurs amusement et instruction? Je le désire, et j'espère même, dans la limite de mes forces, avoir réalisé le précepte d'Horace : « Pour enlever tous les suffrages sachez mêler l'utile à l'agréable : omne tulit punctum qui miscuit utile dulci. » (Art poétique, v. 344.)

Puisse aussi la bienveillance de mes lecteurs trouver dans cet ouvrage la réalisation de la devise que j'ai adoptée :

« Benedicite, omnes volucres cœli, Domino ! »
« Vous tous, oiseaux du ciel, bénissez le Seigneur !
Manifestez, démontrez, faites bénir sa Providence ! »
(Daniel, cant. iii.)

L'abbé VINCELOT.

TABLE DES MATIÈRES.

SEPTIÈME ORDRE. — PALMIPÈDES.

PREMIÈRE FAMILLE. — Lamellirostres.

FAMILLE DES TOTIPALMES.

FAMILLES DES LONGIPENNES.

QUATRIÈME FAMILLE. — Brachyptères.

Angers, imp. Lainé frères. 8-73.